少科普百科

DK
神奇地球

[英]阿尼塔·加纳利 著 [英]蒂姆·斯玛特 绘
陈彦坤 译

電子工業出版社
Publishing House of Electronics Industry
北京·BEIJING

版权贸易合同登记号　图字：01-2022-3046

图书在版编目（CIP）数据

DK神奇地球 /（英）阿尼塔·加纳利（Anita Ganeri）著；（英）蒂姆·斯玛特（Tim Smart）绘；陈彦坤译. --北京：电子工业出版社，2022.9
ISBN 978-7-121-43799-1

Ⅰ. ①D…　Ⅱ. ①阿…　②蒂…　③陈…　Ⅲ. ①地球－少儿读物
Ⅳ. ①P183-49

中国版本图书馆CIP数据核字（2022）第107939号

本书插图系原文插图。
审图号：GS京（2022）0558号

责任编辑：苏　琪　特约编辑：张　怡
印　　刷：广东金宣发包装科技有限公司
装　　订：广东金宣发包装科技有限公司
出版发行：电子工业出版社
　　　　　北京市海淀区万寿路173信箱　邮编：100036
开　　本：787×1092　1/8　　印张：22　字数：142.8千字
版　　次：2022年9月第1版
印　　次：2022年9月第1次印刷
定　　价：158.00元

凡所购买电子工业出版社图书有缺损问题，请向购买书店调换。若书店售缺，请与本社发行部联系，联系及邮购电话：（010）88254888，88258888。
质量投诉请发邮件至zlts@phei.com.cn，盗版侵权举报请发邮件至dbqq@phei.com.cn。
本书咨询联系方式：（010）88254161转1868，suq@phei.com.cn。

For the curious
www.dk.com

混合产品
源自负责任的
森林资源的纸张
FSC® C018179

目　录

前言

绿色、粉色和白色的光如同烟雾一样在北极夜空飘荡，好像刚刚逃离瓶子的巨大精灵在舒展身体；巨大的冰块好像慢动作回放一样从高耸的冰崖断裂滑落，搅动海湾，让冰山随波浪摇晃起伏。烈日炎炎，沙丘随风歌唱，或者嗡嗡作响，打破了沙漠的寂静；夜间，沙漠清凉如水，夜幕低垂，点点繁星似乎触手可及。清晨，从高耸入云的加里曼丹岛铁树树顶醒来，百灵鸟清脆的叫声在耳边萦绕。蝴蝶如彩云般遮盖了墨西哥的森林，如此厚重，树枝似乎也有些不堪重负。太阳从珠穆朗玛峰山巅升起，余晖撒在乍得恩尼迪高原。虽然雨季即将结束，维多利亚瀑布仍然演奏着雄浑高亢的乐章。与此同时，广袤的亚马孙雨林，蜿蜒的刚果河，神秘的深海……

地球真正的奇迹甚至让语言变得苍白。

前不久，我有幸成为某个石灰岩洞数千年来的第一位人类访客。在那里，我们发现了至少有4万年历史的手印和动物壁画。最触动我们团队的是：尽管4万年的时光已经让世界发生了沧海桑田的巨大变化，但我们依然与祖先享有相同的视角。我们发现，洞穴艺术作品主要集中在周围景观和视野最好的位置，或者最醒目的位置，例如满月时能够变身巨大荧幕的白色墙壁。数万年前，我们祖先的基本需求与现在相同：人身安全、避难所、吃饱肚子以及温暖干燥的住所……不过，他们同样拥有发现美的眼睛，就像现在一样。或

许，我们对祖先的认知还缺乏足够的证据支持。不过，南美洲苏里南森林中的另一项发现更让人出乎意料：在一处不知名的瀑布前，我们在瀑布的最佳观赏位置看到了美洲豹的粪便。这个发现不禁让人浮想联翩：难道，与我们一样，这只威武的大猫也会在这里欣赏风景？

自古以来，自然奇观（包括本书中介绍的那些）一直吸引着人类的目光，甚至催生了宗教和信仰：很多地区的原住民认为每块岩石和每棵树都有自己的灵魂，每处引人注目的高耸自然景观都是神圣之地。

跟随本书，让我们一起领略这些永恒的地球奇迹。或许，在感叹自然神奇之余，我们也应该考虑目前的一个现实：虽然幸运地躲过了种种毁灭性事件和历史长河的无尽侵袭，但许多地球奇迹如今却面临着迄今为止的最大挑战——人类。

史蒂夫·贝克肖，英国员佐勋章获得者

曾获得英国电影和电视艺术学院电视奖（BAFTA）和艾美奖的野生动植物节目主持人、博物学者和探险家

世界地图

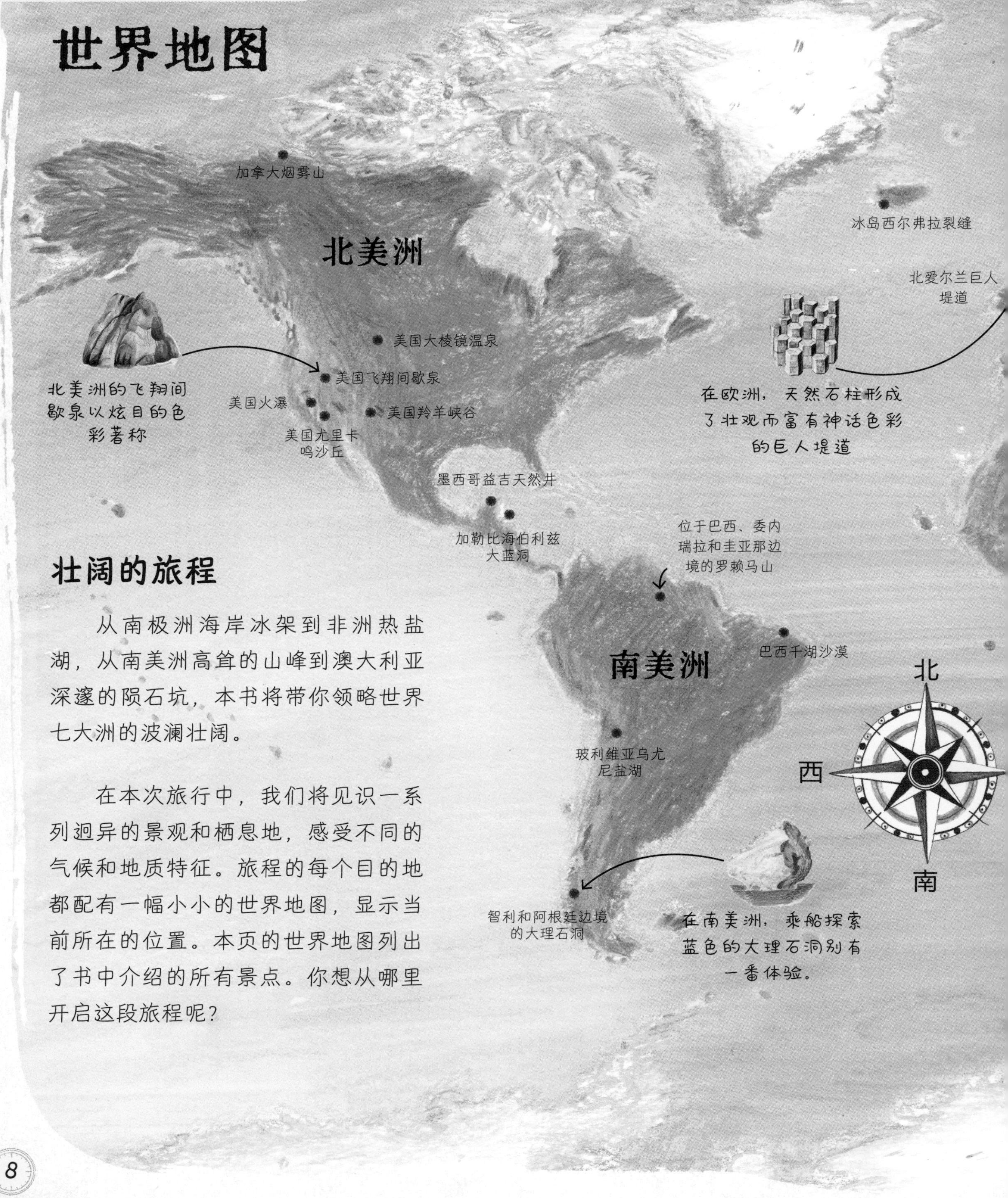

加拿大烟雾山

冰岛西尔弗拉裂缝

北美洲

北爱尔兰巨人堤道

美国大棱镜温泉

美国飞翔间歇泉

北美洲的飞翔间歇泉以炫目的色彩著称

美国火瀑

美国羚羊峡谷

美国尤里卡鸣沙丘

在欧洲，天然石柱形成了壮观而富有神话色彩的巨人堤道

墨西哥益吉天然井

加勒比海伯利兹大蓝洞

位于巴西、委内瑞拉和圭亚那边境的罗赖马山

壮阔的旅程

从南极洲海岸冰架到非洲热盐湖，从南美洲高耸的山峰到澳大利亚深邃的陨石坑，本书将带你领略世界七大洲的波澜壮阔。

在本次旅行中，我们将见识一系列迥异的景观和栖息地，感受不同的气候和地质特征。旅程的每个目的地都配有一幅小小的世界地图，显示当前所在的位置。本页的世界地图列出了书中介绍的所有景点。你想从哪里开启这段旅程呢？

南美洲

巴西千湖沙漠

北

西

南

玻利维亚乌尤尼盐湖

智利和阿根廷边境的大理石洞

在南美洲，乘船探索蓝色的大理石洞别有一番体验。

在亚洲，在张家界森林覆盖的柱形山间展开一次科幻之旅

大洋洲

纳米比亚骷髅海岸

马达加斯加贝马拉哈尖刺石林

澳大利亚狼溪陨石坑

纳米比亚死亡谷和苏索斯维利盐田

在澳大利亚，泡泡糖粉色的希利尔湖确实让人意外

澳大利亚希利尔湖

新西兰怀托摩萤火虫洞

非洲骷髅海岸，来一场惊悚的旅行

如果你也渴望探险，那么请翻到下一页……

罗斯冰架从南极洲海岸一直延伸到了海洋深处，是一片漂浮在海上的广袤大陆，因为它比很多国家还要辽阔得多。

南极洲罗斯海罗斯冰架

南极洲

西尔弗拉裂缝

潜入冰岛美丽绝伦的西尔弗拉裂缝，探索地壳板块之间的神奇世界。西尔弗拉裂缝的海水十分清澈，潜水者可以看清楚前方100多米以外的景致。在裂缝最狭窄的部分，你甚至可以同时触摸北美和欧洲两大陆。

潜水员借助裂缝一端的平台出水，通过连接另一个水下平台的楼梯进入。

移动的地面

大西洋海底中部有一条长约16,000千米的高耸山脉链，称为大西洋中脊。大西洋中脊是地球两大构造板块——北美板块和欧亚板块——的分界线。

构造板块

地球地壳（最外层的地球表面）其实并非整体一块，而是分裂成了许多巨大的岩石板块，称为构造板块。构造板块承载着陆地（大陆地壳）和海洋（海洋地壳）。

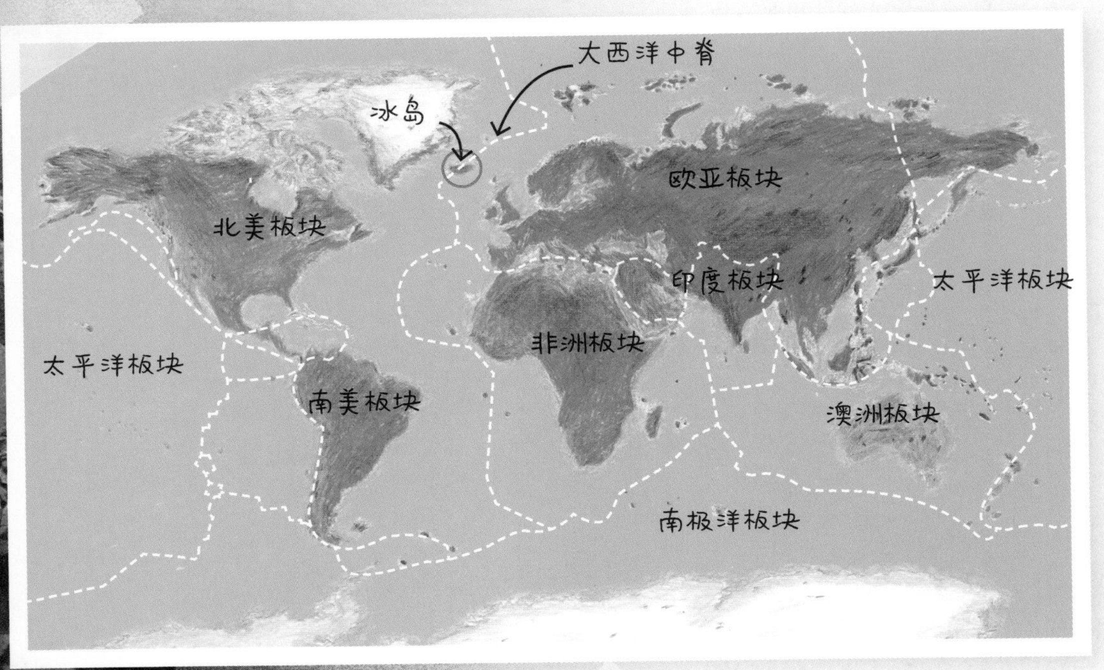

构造板块一直不断移动——互分离、汇聚平移。

板块缓慢分离会形成洋脊，如大西洋中脊岩浆从地壳下涌出，填补缺口，然后冷却成新的海床，起变成山脊。

裂缝的产生

大西洋中脊大部分隐藏在水下，只有少部分出海平面，形成了岛屿，冰岛就是其中之一。由北美板块和欧亚板块的背离运动，板块边缘不断积压力并引发地震。这些地震在大西洋中脊附近地壳中形成了裂缝，例如西尔弗拉裂缝。

在西尔弗拉裂缝潜水

西尔弗拉裂缝位于辛格韦德利国家公园的辛格瓦德拉湖边缘，长约300米，最深可达63米。潜水员可以在凝固岩浆形成的崖壁间游泳，裂缝中的水十分清澈，潜水员能够获得超过100米的清晰视野。不过，西尔弗拉裂缝禁止深度超过18米的潜水，而且规定必须穿着潜水服来保持体温。

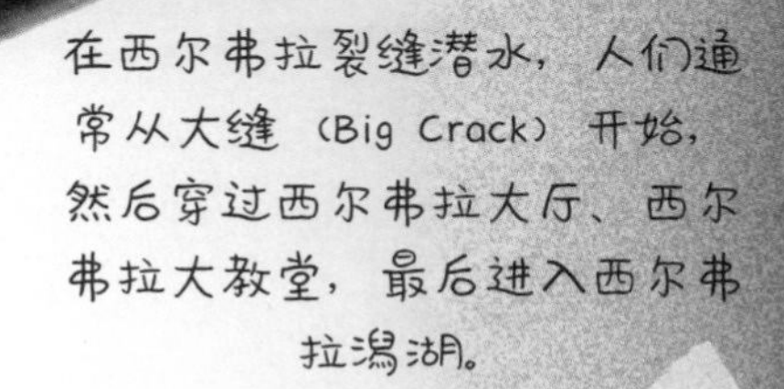

在西尔弗拉裂缝潜水，人们通常从大缝（Big Crack）开始，然后穿过西尔弗拉大厅、西尔弗拉大教堂，最后进入西尔弗拉潟湖。

狭窄的西尔弗拉裂谷位于辛格瓦德拉湖的边缘。

鲜绿色的“巨魔之发”藻类

清澈的湖水

西尔弗拉裂缝的水来自一片约50千米长的冰川。冰川融水大多浑浊，但注入西尔弗拉裂缝的水经过了火山岩的过滤，变得清澈无比。由于低温淡水的不断流入，裂缝的水温很低，但从不结冰，全年都保持在2到4摄氏度之间。辛格瓦德拉湖中有鱼，但很少有鱼会进入裂缝。不过，裂缝生长着大量的植物——鲜绿色的“巨魔之发”和其他藻类在岩石表面形成了大簇的“灌木丛”。

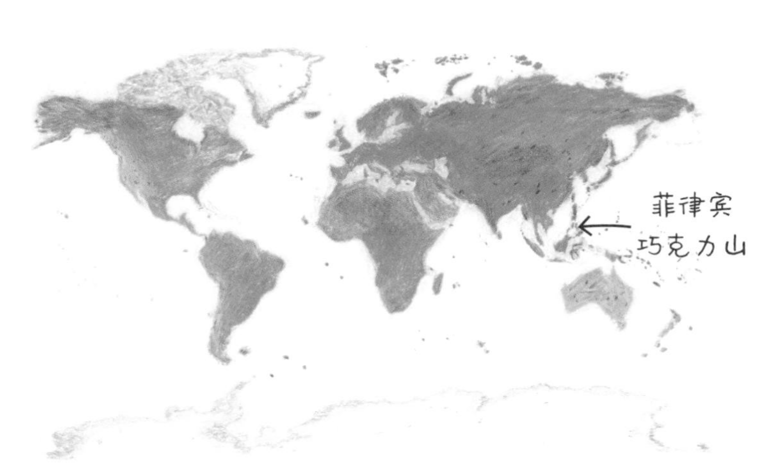

巧克力山

在旱季飞越菲律宾的薄荷岛，你将有机会见识不同寻常的景观——数百座馒头形状的褐色小山丘，如同洒落人间的巧克力糖果。此处属于热带季风气候，这些山丘被茂密的野草覆盖，周围还有成片的雨林和稻田。

薄荷岛生活着菲律宾眼镜猴——全球最小的灵长动物之一。

珊瑚礁遗迹

巧克力山主体为石灰岩，表面覆盖了一层土壤。许多科学家认为巧克力山是古代珊瑚礁的遗迹（珊瑚可以制造石灰岩外骨架）。随着时间的推移，降雨磨平了珊瑚礁的棱角，塑造了现在的景观。

珊瑚礁向山丘的转变过程

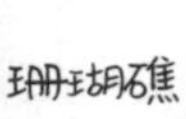

大约200万年前，薄荷岛地区是一片浅海，海底被高低起伏的珊瑚礁占据。

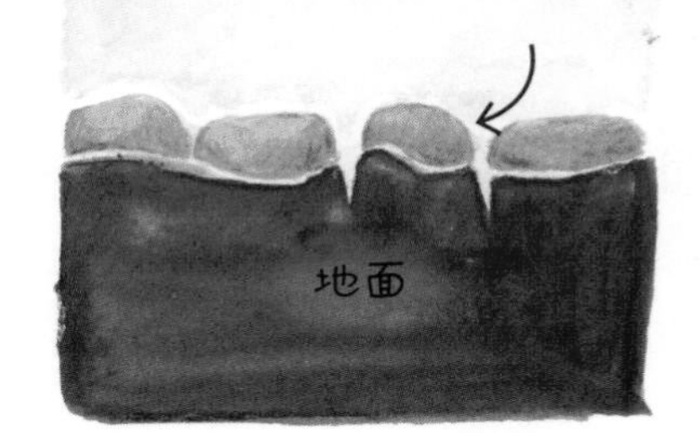

由于地壳运动，陆地升高，珊瑚礁露出水面。

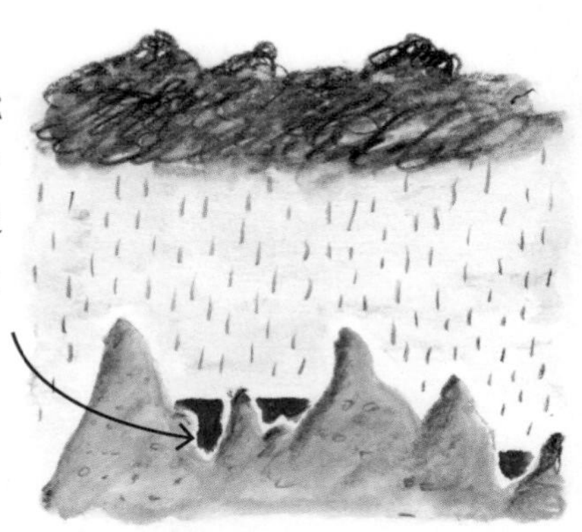

雨水非常缓慢但坚定地侵蚀石灰岩，最终将珊瑚礁塑造成了现在的圆形山丘——巧克力山。

巧克力糖果

薄荷岛有1000多座山丘，这些山丘的形状几乎完全相同，没有任何一座山丘特别突出，最高的只有120米。雨季，这些山丘被绿草覆盖；旱季，枯萎的草丛变成了褐色，巧克力山也变得名副其实。

雨季，地处热带的巧克力山变得绿草茵茵。

旱季，绿草枯萎，褐色的山丘如同洒落的巧克力糖果。

眼镜猴保护区

除了巧克力山之外，菲律宾眼镜猴保护区也是薄荷岛的著名景点之一。这片受保护的雨林为数百只这种濒临灭绝的漂亮动物提供了庇护所。

眼镜猴习惯在夜间捕食昆虫，巨大的眼睛为它们提供了出色的夜视能力，这也是它们得名眼镜猴的原因。

传说

薄荷岛当地有一个传说，是关于两位巨人创造巧克力山的故事。有两位相互敌对的巨人，某天在薄荷岛爆发了战斗，互相投掷石块的战斗持续了数日，最后他们筋疲力尽，只好暂时休战。不久，巨人离开，留下了一个铺满巨石的战场。

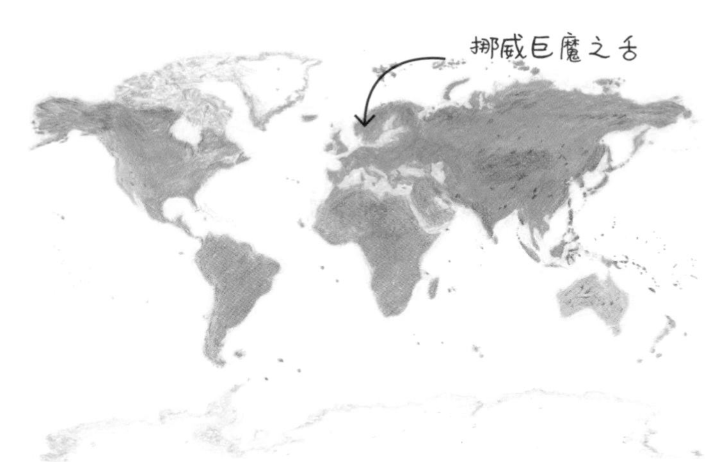

巨魔之舌

巨魔之舌是一块悬于峡湾上方约700米的巨大突出岩石，因为形似伸出的长舌而得名“巨魔之舌（Trolltunga）”，是挪威南部的一处著名景点。巨魔之舌地处山区，一年中的大部分时间都以寒冷、潮湿和多风的天气为主。

站在巨魔之舌的舌尖可以鸟瞰壮丽的景色，但想要站上去必须首先克服恐高。

巨魔之舌

巨魔之舌形成于上一个冰河时期，也就是大约1万年前。当时，巨大的冰川正在挪威南部缓慢移动，冰川融水渗入坚硬的片麻岩裂缝，然后再度凝结，凝结过程中冰的体积增大，导致岩石崩裂，最终形成了各种奇特的景观。

巨魔之舌的形成

断裂的岩石

冰川

冰川融水

片麻岩

冰川融水渗入坚硬的片麻岩裂缝，然后再度凝结并膨胀，像凿子一样切下大块大块的岩石，留下一些锯齿形状的岩石边缘。

巨魔之舌

片麻岩

在缓慢移动的冰川身后，留下破碎的锯齿状岩石，巨魔之舌就是冰川运动的杰作之一。

巨魔的传说

挪威流传着许多关于巨魔的故事。据称这些穴居神话生物遇到阳光就会变成石头，所以他们住在阴暗的山洞里，只在天黑后才外出活动。不过，因为没有亲身体会，一个愚蠢的巨魔并不相信阳光的危害，为了证明自己的勇敢，他朝太阳伸出了舌头……据说这就是巨魔之舌的来历。

巨魔之舌

或许数千年内都不会发生，但由于岩石的崩裂和地壳运动，这块巨石终将掉落。

巨魔之舌所在地同样生活着欧洲最大的野生驯鹿群之一，这些驯鹿以草和地衣为食。

平衡的巨石

挪威南部峡湾还有另一块令人惊叹的巨石——奇迹岩（或称谢拉格伯顿石/Kjeragbolten）。奇迹岩是很久以前冰川沉积而成的一块巨石，夹在另外两块巨岩之间，矗立在高高的谢拉格山顶，悬于峡湾984米的上空，仿佛空中楼阁。

难的徒步旅程

巨魔之舌是一个深受徒步旅行者欢迎景点。来回27千米的路程，加上陡峭、岖、有时湿滑的岩石路面，一次旅程可需要耗费10到12个小时。而且，每年9月次年6月，该地区都会被冰雪覆盖。想要步前往巨魔之舌，你需要健康的身体、良的装备和小心谨慎的态度。即便如，意外也有可能出现，2015年就有一名客不幸死亡。

罗斯冰架

罗斯冰架其实是一块浮冰，之所以著名是因为这块浮冰的面积与法国相当。罗斯冰架漂浮在南极洲海岸附近——地球上最冷、风最大的地方。所有冰架都漂浮在海面，与陆地向海岸移动的冰川相连。这些冰川为冰架提供了向外海漂移的能量，而罗斯冰架与至少5个南极冰川存在能量传递。

罗斯冰架是全球最大的冰架，几乎占据了整个罗斯海。南极洲另一侧的龙尼冰架是世界第二大冰架。

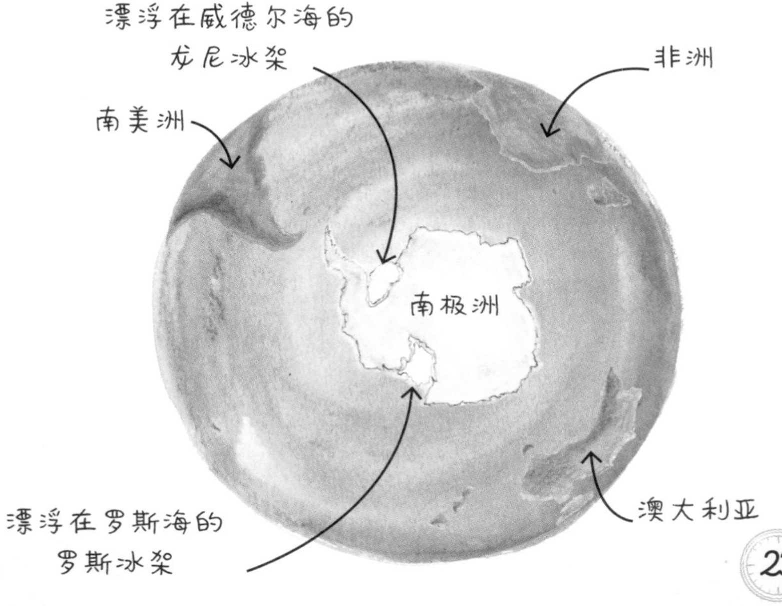

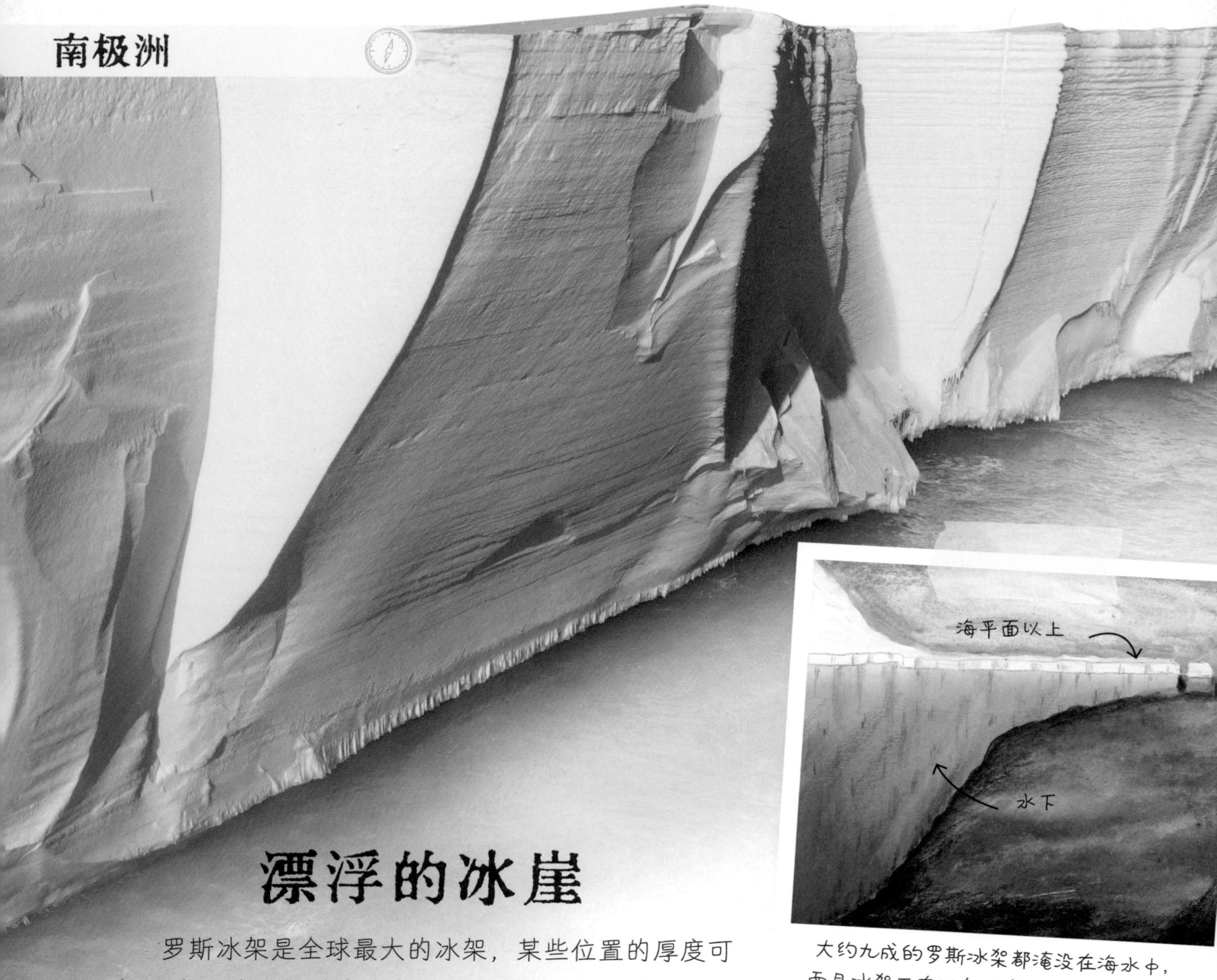

大约九成的罗斯冰架都淹没在海水中，而且冰架正在以每天高达3米的速度向大海深处漂移。

漂浮的冰崖

罗斯冰架是全球最大的冰架，某些位置的厚度可达750米（从顶部到隐藏在水下的底部），而浮在水面的冰山高度可以达到50米。高耸的冰架形成了巨大的跨海屏障，侧向长度达到了600千米以上。

冰山的形成

有时，罗斯冰架会出现裂缝，然后巨大冰断裂滑落形成冰山。最终，冰山将随海水流入相温暖的水域，彻底融入海洋。事实上，2000年从斯冰架断裂的巨大冰山现在已经分裂成浮冰碎片，随洋流漂移了超过10,000千米。

漂浮的小块冰称为浮冰，浮冰比冰山小得多。

发现冰架

罗斯冰架以1841年第一位发现者——英国探险家詹姆斯·克拉克·罗斯（James Clark Ross）——的名字命名。后来，挪威探险家罗尔德·阿蒙森（Roald Amundsen）选择罗斯冰架作为南极远征的起点。1911年1月，阿蒙森在鲸鱼湾建立了大本营（鲸鱼湾是罗斯冰架的一座天然港口），并于1911年12月14日成功到达南极点。

为了穿越南部海洋的浮冰，罗斯加固了“厄瑞波斯号（或阴阳界号）”和“特罗号（恐惧号）”的船体。

威德尔海豹

IcePod是安装在飞机上的仪器系统，可以通过飞机定期飞越冰架来监测罗斯冰架的融化状况

融化的危险

罗斯冰架是一个屏障，减缓了陆地冰川入海的速度。然而，由于气候变化，罗斯冰架可能加速融化。如果罗斯冰架彻底融化，南极冰川入海的速度可能会比目前增加5倍，并且南极冰川彻底融化将导致海平面升高。

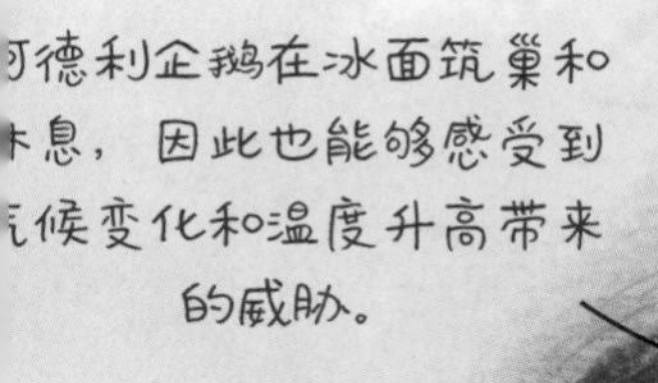

阿德利企鹅在冰面筑巢和休息，因此也能够感受到气候变化和温度升高带来的威胁。

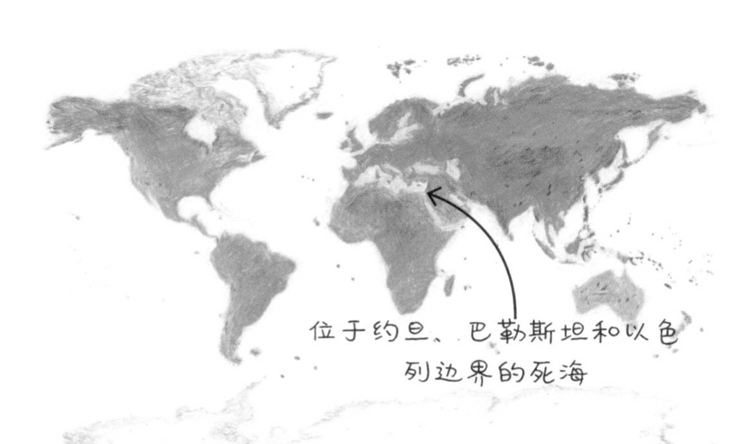

死海

死海位于约旦、巴勒斯坦和以色列交界处的犹太沙漠中。虽然名字中包含“海”，但死海其实不是海，而是一个内陆盐湖。死海是地球上含盐量最高的水域，可以让不会游泳的人轻松地浮在水面。甚至，死海岸边还形成了各种形状和构造的盐与矿物结晶体。

岸边散落的这些光滑卵石是圆形的岩盐晶体，是湖水因为干燥气候蒸发的结果。

死海的形成

死海的海拔在海平面以下430米，是地球陆地的最低点。死海大约形成于400万年前，最初是地中海淹没约旦河谷后形成的潟湖；大约200万年前，陆地因为地壳运动而上升，将潟湖与大海分隔，所以死海变成了一个内陆湖。

死海的出现

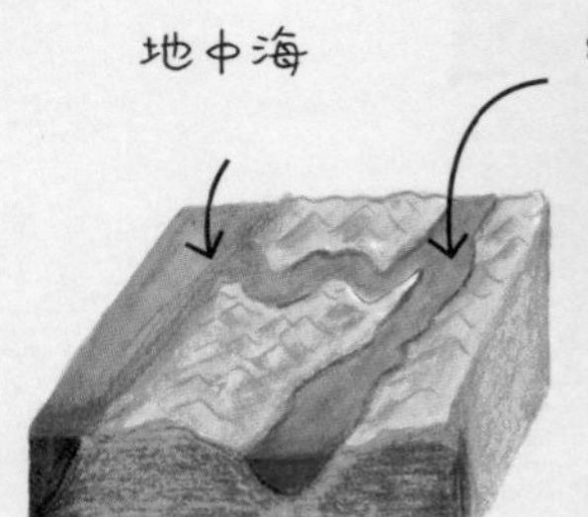

地中海淹没了山谷

陆地上升

内陆湖

由于地壳运动，陆地上升，潟湖变成了一个内陆湖

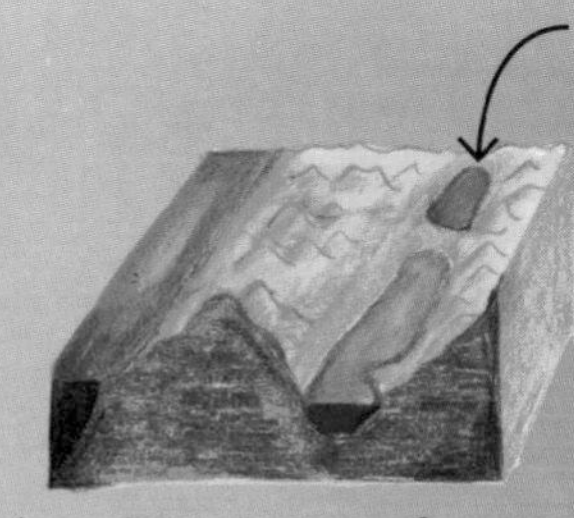

随着气候越来越干燥，湖泊面积不断缩小，最终变成了两个较小的湖泊。

加利利海

死海

其中一个是死海，另一个是加利利海。

从1930年到2016年，死海的面积几乎缩减了一半，露出了大片富含盐分的不稳定干燥土地，以及塌陷形成的天坑。

不断萎缩的海

由于地处沙漠，加上人们为了饮用和灌溉，截留了大量流入死海的约旦河河水，现在死海水面高度每年下降1米以上。随着死海的萎缩，原来被湖水覆盖的地方变成了含盐的干燥土地。但是，这些土地并不稳定，因为其中的盐会溶解于淡水，形成巨大的地下洞穴。而且这些洞穴很容易塌陷，让地面出现无数的天坑。

死海岸边堆积的盐沉积物。

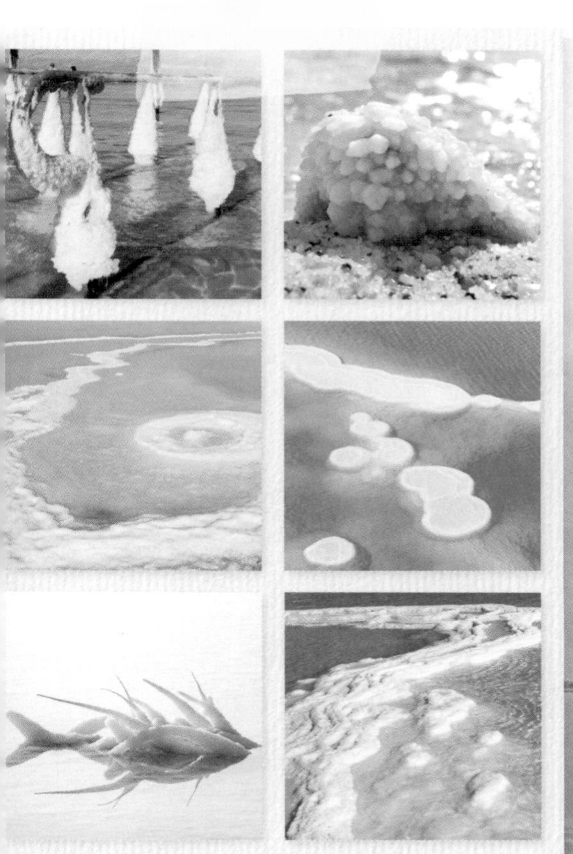

死海的水中含有超过35种矿物质，这些矿物质在岸边形成了漂亮的晶体结构。

超咸的湖水

死海的咸度几乎是海水的9倍，是地球上最咸的水体。除了少量能适应这种咸度的细菌以外，任何植物和动物都无法在死海中生存，这也是死海得名的原因。死海中的盐和其他矿物质形成了美丽晶体结构。

超高的盐度增加了死海的密度，可以让人轻松漂浮在水面而不会下沉。

死海旅游

数千年来，死海一直深受世界各地游客的欢迎。游客可以在这里见识神奇的沙漠，享受海水和泥浆的治疗——死海中的盐和其他矿物质对皮肤有益。因此，死海岸边随处可见酒店、度假村和健康水疗中心。

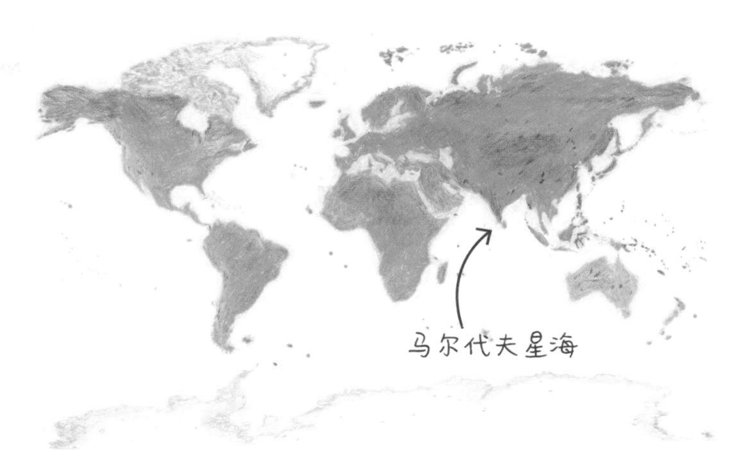

星海

在热带岛国马尔代夫，每逢夏末夜晚，瓦杜岛海滩都会随着海浪的涌动闪闪发光：海水中生活着大量的微小植物，正是它们把夜间幽黑的印度洋变成了迷人的星海。

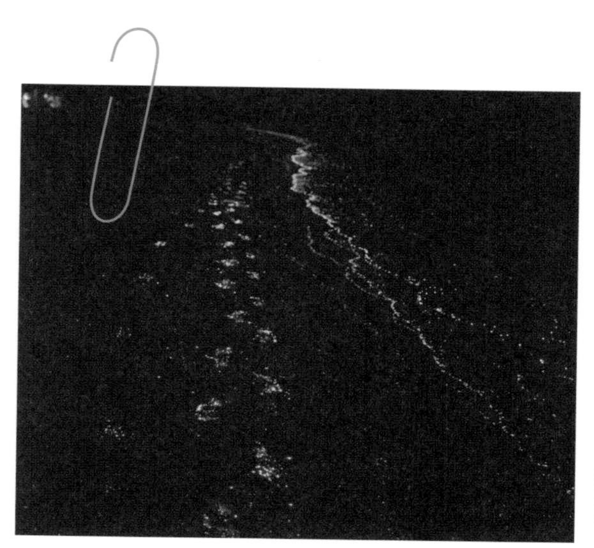

晚上沿着海滩散步，走过的沙滩会留下发光的脚印。

黑暗中的光

这种迷人的星海奇观其实源于生物发光，是数十亿微小单细胞生物（称为浮游生物）的杰作。海洋和湖泊中都生活着浮游生物，有些浮游生物以通过内部化学反应发光，而且　一般是在受到惊扰（例如水的波动）时发光，目的可能是惊吓潜在的捕食者来保护自己。

浮游生物是微小的单细胞生物（大多为植物，但有的同时具有植物和动物的特征）。

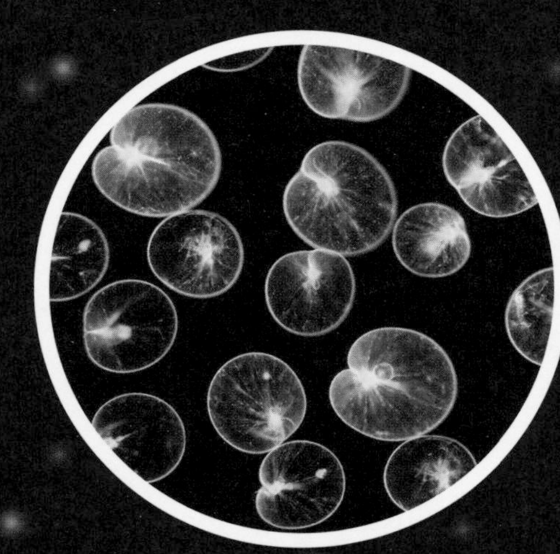

可以发光的浮游生物种左右。

夜晚在闪烁的海水中游绝对是一种难以忘怀的特体验。

在南非开普敦附近的考格尔伯格生物圈保护区同样可以见到浮游生物发光点缀的夜间海滩。

其他星海

全球很多地区的海滩都会有浮游生物在夜间闪闪发光，例如印度、泰国、澳大利亚、日本、波多黎各、南非和美国。

珊瑚岛

瓦杜岛属于马尔代夫，是这个岛国约1300个珊瑚岛和沙洲的其中之一。这些岛屿大多属于炎热、潮湿的热带季风气候，日平均气温可以达到30摄氏度左右。所有岛屿都平坦且低洼，海拔都在1.8米以下。

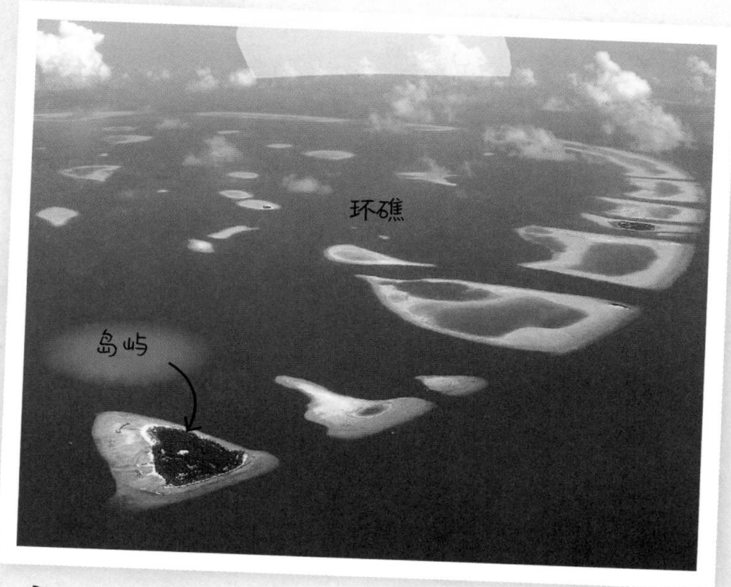

马尔代夫是少量岛屿和许多环礁组成的岛国。环礁是环形的珊瑚岛，中间包围着被称为潟湖的海水湖。

珊瑚礁生态

珊瑚礁通常位于岛屿周围的浅海中，可以构成超级多样化的生态系统。马尔代夫周围生活着约35种珊瑚和1000多种海洋动物，包括海龟、砗磲、蝠鲼和鲨鱼等。

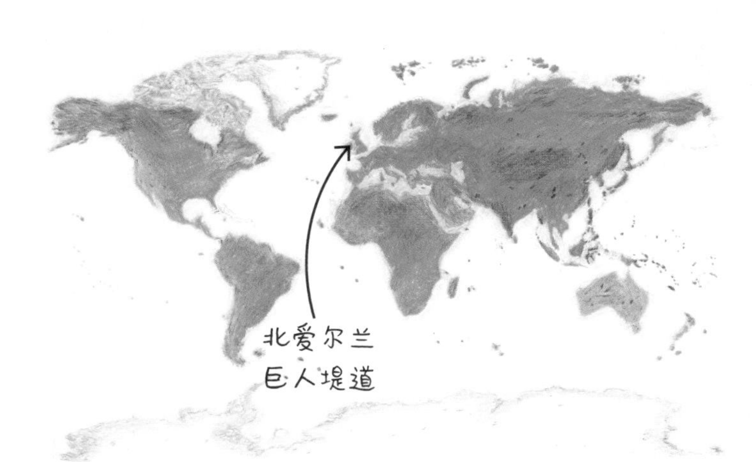

巨人堤道

北爱尔兰有一条巨人堤道，由数万根石柱组成了一条连接悬崖的陡峭通道，据说曾被巨人使用过而得名。北爱尔兰地处温带，气候潮湿多风，而巨人堤道更为壮丽的礁石海岸增添了一分雄伟。

从高空俯视，我们可以看到这些石柱的形状，其中许多有5或6条直边。此类岩层构造被称为柱状节理，是熔岩冷却凝固的结果。

凉爽的堤道

大约五千万到六千万年前，地球火山活动十分活跃，熔化的玄武岩通过裂缝涌出地面，在遇到大海时，炽热的熔岩冷却并结晶为石柱，石柱挤压后变成了当前壮观的几何结构。

巨人的传说

根据当地的民间传说，巨人堤道出自爱尔兰巨人芬恩·麦康希尔（Fionn MacCumhaill，或称为芬恩·麦克库尔/Finn MacCool）之手。还有传说称，芬恩建造堤道是为了渡海前往苏格兰，以便与（威胁要控制爱尔兰的）苏格兰巨人贝南唐纳（Benandonner）作战。但是，贝南唐纳的身型远超芬恩。因此，想要战胜对手并继续掌控爱尔兰，芬恩必须使用计策。

巨人堤道的形成过程

大约六千万年前，液态的玄武岩熔岩顺着地壳裂缝喷涌而出。

柱状接头（裂缝）形成，玄武岩柱出现。

玄武岩熔岩迅速冷却，在凝固过程中出现裂缝（有点类似泥浆干燥时的裂缝），形成了石块中的岩柱。

由于海岸受侵蚀，玄武岩悬崖显露于人们面前。

随着时间的推移，冰川、海平面升高以及海岸作用，加上雨水的侵蚀，玄武岩柱显露了出来。

其他不可思议的岩层

苏格兰的芬格尔洞

芬格尔洞是苏格兰斯塔法岛上的一个海蚀洞。与巨人堤道一样，它的墙壁也是由玄武岩的六边形柱子组成。

巨大的特征

前往巨人堤道时，我们应该留意下列著名的岩石特征，例如图中显示的骆驼和巨人之靴，以及许愿椅和管风琴。

骆驼：据说这块巨石曾是一头真的骆驼，是芬恩亲密的坐骑，后来它变成了石头。

巨人之靴：传说这是芬恩逃跑时丢失的一只靴子，它的尺寸达到了93.5码。

生活在巨人堤岸附近的部分动物

从侧面看，翻车鱼近乎圆形，身长可以达到1.8米。

留心海面，你或许可以看到斑海豹探出水面的脑袋。

虎鲸是体型最大的海豚，通常以家庭为单位成群生活。

鸬鹚是一种黑色的海鸟，一年四季都可以见到它们潜水捕捉鳗鱼和其他鱼类的身影。

姥鲨以浮游生物为食，体长6至8米。

俄罗斯斯托尔布恰提角

在俄罗斯库纳什尔岛的斯托尔布恰提角（Cape Stolbchaty）也可以看到类似的玄武岩柱，这座岛由四座活火山组成。

美国魔鬼岩柱堆

美国加利福尼亚州的魔鬼岩柱堆由高达18米的玄武岩柱组成，看起来就像废弃的石料场，因此得名"魔鬼岩柱堆"。

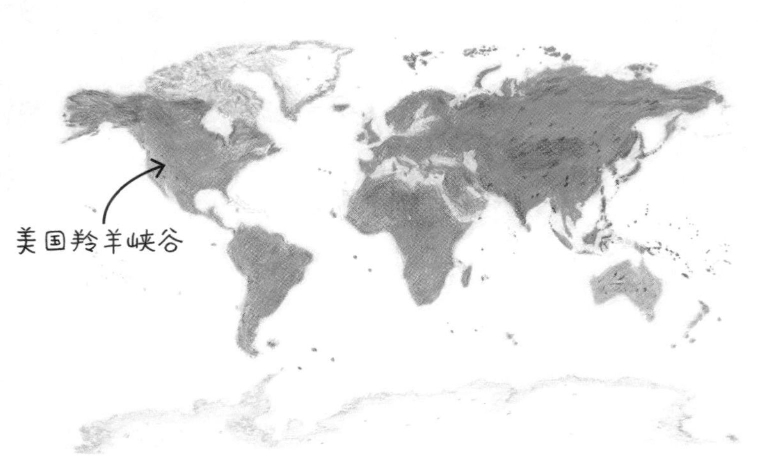

羚羊峡谷

阳光穿过地面裂缝，照亮了一个精彩纷呈的地下砂岩世界：橙色和粉红色弧形砂岩的鬼斧神工之作，这就是位于美国亚利桑那州北部干旱灌木丛中的羚羊峡谷，得名羚羊峡谷是因为这里曾经有羚羊觅食。

心形石是上羚羊峡谷的标志性特征。

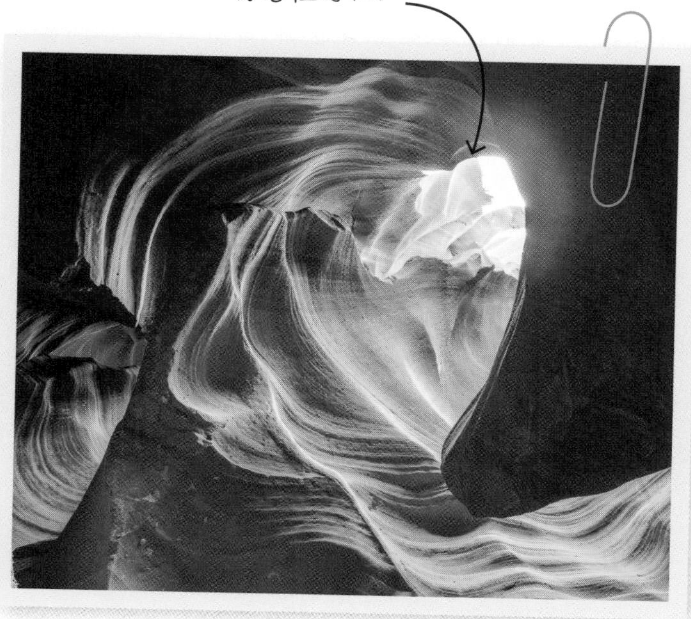

水流雕琢的砂岩裂缝

羚羊峡谷是一条裂缝式峡谷，狭长而陡峭，是雨水和山洪雕琢柔软砂岩的杰作。数百万年来，坚持不懈的水流在砂岩地面凿出了狭长的裂缝，在侧壁雕出了流动的波纹。

羚羊峡谷砂岩的颜色源于岩石中包含的不同矿物质。

从上方俯视，或许我们可以看出这个狭缝峡谷得名羚羊峡谷的原因。在某些位置，羚羊峡谷甚至无法容纳两个人肩并肩站立。

在特定的时间内，阳光透过地面裂缝射入峡谷，会在裂缝（上羚羊峡谷）形成类似聚光灯的效果。

裂缝和螺旋

羚羊峡谷分为两个部分。上羚羊峡谷称为“裂缝”，而下羚羊峡谷称为“螺旋”。游客通常从狭窄的上羚羊峡谷进入，下羚羊峡谷更长、更深，更难探索。要参观下羚羊峡谷，游客需要攀爬数段梯子和台阶，而且必须穿过狭小的空间。

纳瓦霍族的圣地

羚羊峡谷地处鲍威尔湖纳瓦霍部落公园内，属于纳瓦霍族的原住民。纳瓦霍人是生活在美国西南部地区的土著，现在多数纳瓦霍人生活在称为纳瓦霍国（Navajo Nation）的保留地中——保留地拥有独立的政府。羚羊峡谷是纳瓦霍族的圣地，是族人感悟与自然和谐相处之道的场所。

想要参观羚羊峡谷，游客必须参加纳瓦霍族导游带领的旅游团。纳瓦霍族导游只活跃在羚羊峡谷和周边地区，例如图中所示的纪念碑谷。

山洪暴发

羚羊峡谷周围被沙漠覆盖，因此一年中大部分时间都干燥少雨，但有时大雨过后也会爆发山洪。峡谷中奔流的洪水则可能是致命的：1997年，有11名游客在参观时遇难。从那时起，羚羊峡谷采取了更多防洪安全措施，包括（可以耐受洪水冲击的）固定梯子、安全网和警报器等。

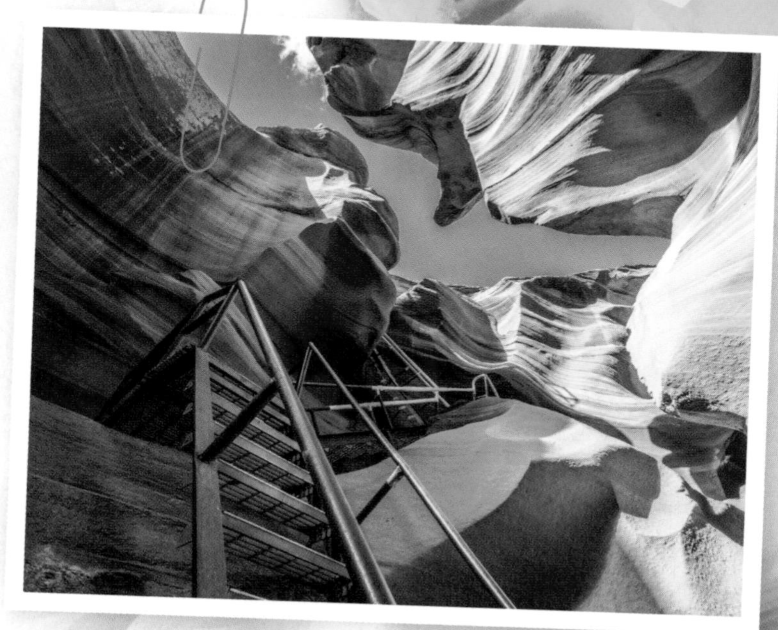

下羚羊峡谷的梯子（称为“螺旋”）

警告！

此区域可能爆发山洪

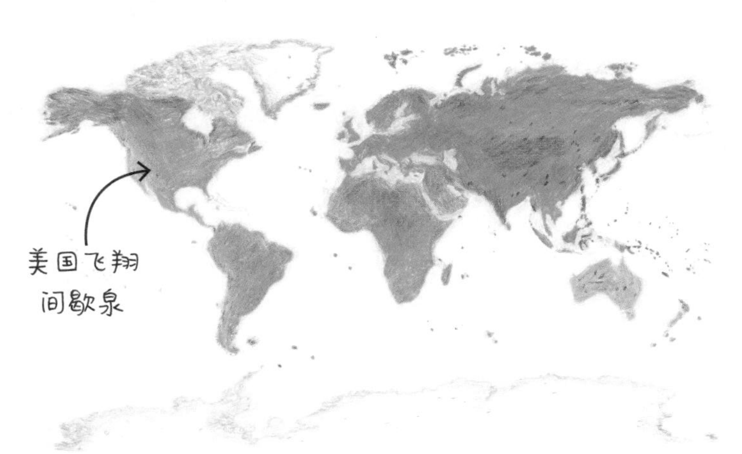

飞翔间歇泉

在美国内华达州黑岩沙漠的边缘，有一眼让人瞠目结舌的间歇泉。间歇泉是指向外喷出热水的泉水，飞翔间歇泉更以独特而华丽的色彩著称。飞翔间歇泉位于以地热活动闻名的瓦拉佩平原（Hualapei Flats），多彩的颜色归功于水中稀有矿物质和嗜热微观植物的特别组合。

飞翔间歇泉高约3.7米，喷出的多彩水柱和升腾的蒸汽在周围数千米内都可以看到。

喷涌的间歇泉

地下水通过地表裂缝喷出地面的位置形成泉水，喷出的可能是热水，也可能是冷水，而且泉眼周围经常伴随着水潭。间歇泉是一种可以喷射水柱的温泉，喷射间隔从数分钟到数天不等。间歇泉大多是自然形成的，但飞翔间歇泉是人类活动——钻井——的结果，不过锥体是后来自然形成的。

飞翔间歇泉的水温可以达到
摄氏度以上，几乎和水壶刚
开的水一样热！

飞翔间歇泉的
锥体

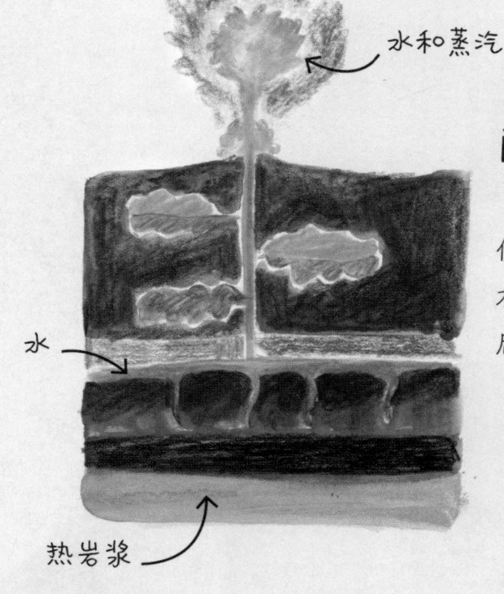

间歇泉如何形成

炽热的岩浆加热地下水使之气化，高温气体裹挟着水一同从地表裂缝喷出，然后水重新渗入地下。

令人瞠目的色彩

水中溶解的矿物质，例如碳酸钙，可以凝固变成锥体和周围的阶面。富含矿物质的热水非常适合绿藻和红藻等微型植物生存，这些植物是间歇泉呈现绚烂色彩的原因。

威尔逊瓣蹼鹬

从水井到壮观的间歇泉

1964年，当地一家地热能源公司在瓦拉佩平原挖掘第二口井时，意外制造出了飞翔间歇泉。虽然钻探队找到了热水，但这些热水的温度不足以发电。于是，他们封住了井口，而简单的封堵没能阻止新的间歇泉的喷发，有些水柱的喷射高度达到了约1.5米。

更多间歇泉请参见第121到123页

两侧被山脉包围的美国内华达州黑岩沙漠在史前时代是一片湖，现在只剩下了巨大的干涸湖床。

这些生物被称为“嗜热藻类”，能够适应其他生物无法生存的湿热环境。图中显示的是显微镜下的嗜热藻类。

黑岩沙漠

飞翔间歇泉靠近黑岩沙漠（或译为布莱克罗克沙漠）。黑岩沙漠是地球上最平坦的地点之一，一年中的大部分时间都干燥无比。然而，如果雨水充沛，春季的黑岩沙漠可能重新变成湖，虽然湖水只有几厘米深。此时，仙女虾（小型淡水甲壳动物）会在泥土中产下数百万颗卵，而且这些卵可以在水干之前孵化成长，成为大群水鸟迁徙途中补充能量的重要食物，例如威尔逊瓣蹼鹬和美国反嘴鹬。

美国反嘴鹬

大棱镜温泉

大棱镜泉是美国黄石国家公园内最大的温泉，以氤氲的蒸汽、滚烫的泉水和令人眼花缭乱的色彩而闻名——多彩的颜色源于生活在泉水边缘的各种嗜热细菌。

由于泉水温度始终接近沸点，所以大棱镜温泉上方总是飘荡着厚厚的云雾。

热、热、热

遇到岩浆之后，地下水温度升高，热水喷涌出地表就会形成温泉，而温泉经常与水池相伴。大棱镜温泉水池的水同样高温难耐，所以其中几乎没有任何生物。不过，在远离泉眼的边缘却形成了不同温度的水环，其中生活着能够耐受高温的细菌和藻类。

温泉出现的原因

热水池

热水通过岩层裂纹涌出地面，并在地聚集形成水池。

岩层

加热后的水

热岩浆

大棱镜温泉的水来自地下37.5米的位置，水池中心的温度可以达到87摄氏度。

图中显示的是通过显微镜看到的蓝藻细菌（曾归类为藻类，通常称为蓝绿藻）菌落。

媲美彩虹的颜色

在远离泉水中心且温度相对较低的水环中生活着不同类的细菌和藻类，这些藻类含有可以帮助制造食物的色素，同保护藻类避免阳光照射的损害。不同类型细菌或藻类含有的素都各不相同，由于只反射特定波长的光，因此水池形成了种颜色的边缘：中央为蓝色，因为那里的泉水只反射蓝色波的光。

大棱镜温泉的名称源于丰富的颜色——三棱镜能使阳光发生色散并形成彩虹。

野牛

沸腾湖

在加勒比海多米尼加岛的高山上，有一个名副其实的沸腾湖。因为被火山加热，这个温泉的灰蓝色水不断冒着气泡，就像一口大锅里沸腾的水。

沸腾湖通常被浓厚的蒸汽和有毒气体云遮盖，因此接近它很危险。

煎锅湖

新西兰煎锅湖位于塔拉维拉火山的火山口中，面积比四个足球场还大，可能是世界上最大的温泉。

更多温泉请参见第153到155页和第161到163页。

在1886年爆发之后，塔拉维拉火山口形成并灌满了水；1917年再次喷发后，煎锅湖达到了现在的大小。

这个公园有丰富的栖息地环境——森林、草原、山脉、河流和湖泊，夏季温和干燥，冬季寒冷多雪。

除了温泉和间歇泉，美国黄石国家公园的野生动物同样著名。

大角羊

驼鹿

花栗鼠

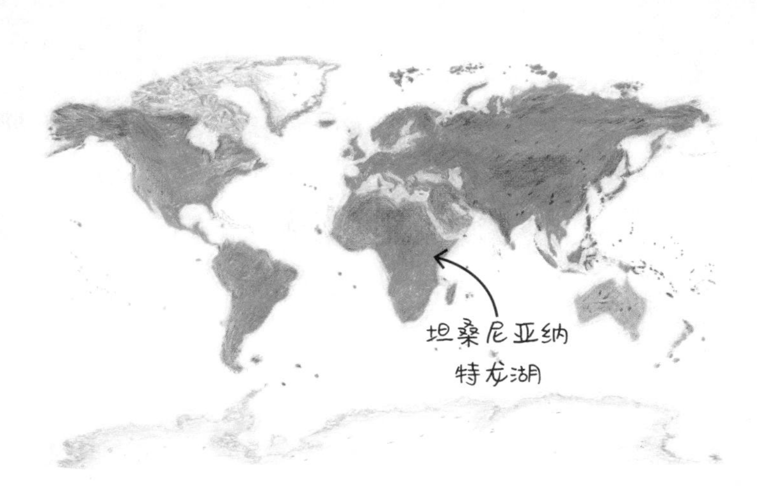

纳特龙湖

纳特龙湖位于坦桑尼亚东非大裂谷的东部谷底，是地球上最恶劣的环境之一：湖水的温度和含盐度都很高，而且经常被以盐为食的微小细菌染成瘆人的红色。湖中严禁游泳，因为湖水包含大量的化学物质，会严重烧伤裸露的皮肤。

尽管环境恶劣，但仍有成千上万只小火烈鸟在纳特龙湖繁殖。

有毒的高温湖水

纳特龙湖的水来自埃瓦索恩吉罗河（Ewaso Ng'iro River），而富含矿物质的温泉也向湖水注入了大量的化学物质。这片湖面积广阔，长约60千米，但深度不到3米，湖水温度常年保持在40摄氏度以上——与我们洗热水澡的水温相当。纳特龙湖是一座内陆湖，没有大海或河流等排水口，高温的湖水加快了蒸发速度，因此湖中的盐分和其他矿物质含量越来越高。

蒸发的湖水和升高的盐度

水不断蒸发

伦盖伊火山

纳特龙湖

炽热的地下岩浆

纳特龙湖的湖水非常咸，因为炽的地下岩浆加热了湖水，加快了发速度，导致盐和其他矿物质的量不断累积。而且该地区炎热、旱的气候同样加快了蒸发速度。

小火烈鸟

从化学角度来说，纳特龙中的盐类物质称为碱性质，而且是强碱性物质，如纳特龙湖中发现的碱性质，会灼伤皮肤。

火烈鸟的天堂

对于大多数植物和动物来说，纳特龙湖都不适合存。然而，每隔几年，数以百万计（数量存疑）的小火鸟会在此聚集繁殖：它们坚韧的腿部皮肤可以防止碱性水的灼伤，湖中的藻类为其提供了足够多的食物，而且湖中盐岛筑巢可以帮助雏鸟躲避大多数天敌。

火山邻居

东非大裂谷位于数个地壳构造板块交汇区域的上方，周围是山脉和火山，其中包括部分活火山，例如伦盖伊火山。伦盖伊火山高2962米，俯瞰纳特龙湖，喷发的熔岩从火山两侧的小锥体以及主火山口涌出。

伦盖伊火山会定期喷发不同寻常的熔岩——黑色的液体熔岩，但凝固后会变成白色。

纳特龙湖亮粉红色或红色的湖水源于咸水中生活的微小细菌。

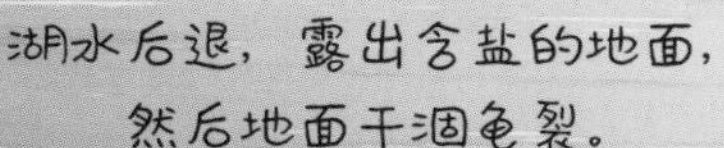

湖水后退，露出含盐的地面，然后地面干涸龟裂。

石化

有时，在纳特龙湖岸边可以看到鸟类和蝙蝠等动物似乎被石化的尸骸。这些动物可能很早之前就不幸掉入了湖中，但尸体并没有腐烂，反而被完整地保存了下来，因为水中含有称为纳特龙（天然碳酸钠）的盐。这种盐不仅是古埃及人制作木乃伊的原料，也是这片湖得名的原因。

因为湖水中的盐和其他矿物质，这只蝙蝠的尸体保存得十分完整。

非洲

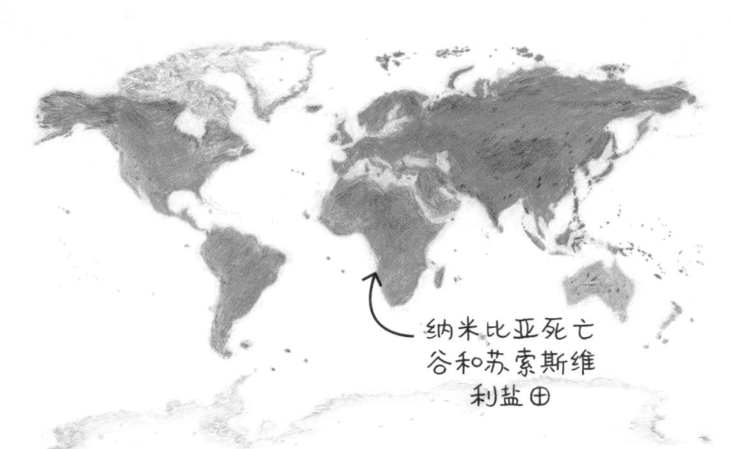

死亡谷和苏索斯维利盐田

在纳米布沙漠锈红色沙丘的包围下，死亡谷和苏索斯维利盐田干涸的湖床看起来苍凉而又无比壮观，干裂的黏土和干枯的树木仿佛静止的历史，千年不变。

沙丘的深红色源于沙粒中所含的氧化铁成分。

死亡谷

焦黑的树干是金合欢（骆驼刺）留下的遗迹。估计这些树干存在的时间已经超过了1000年。

数千年前，萨查布河（Tsauchab）流经死亡谷。但是，由于气候越来越干燥，沙丘截断了进入死亡谷的河道。水源被截断之后，湖水逐渐消失，被干裂的黏土地面取代，此前生长的树木也难逃死亡的命运，但没有一丝水分的空气却让树干完整地保存了下来：树木仍然矗立着，外表被太阳烤得焦黑。死亡谷变得名副其实。

干燥平坦的黏土地面和盐田裂出了不同的图案。

苏索斯维利盐田

旱季，光秃秃的苏索斯维利黏土盐田因为烈日炙烤而变得坚硬；雨后，萨查布河带来了一丝活力，但河水很快就被无尽的沙漠吞噬了。每隔十年左右，充沛的雨水将会带来泛滥的河水，让盐田充满水，暂时重现往昔碧波荡漾的景色，在沙漠的衬托下显得尤为珍贵。

纳米布沙漠绵延于非洲西南部海岸，其中大部分位于纳米比亚境内。

百岁兰植物

死亡的金合欢（骆驼刺）树

老的沙丘

风吹过沙漠会卷起沙粒，沙粒在风停之后堆积形成沙丘。丘类似山脊，但形状和高度受风速和方向的影响很大。纳米沙漠的沙丘可以达到350米以上，是全球最高的沙丘之一。

迎风面
（沙丘面向风的一侧，风会吹起迎风面的沙，增加沙丘的高度）

丘顶

背风面
（被吹动的沙粒在背风面滑落）

沙粒首先开始在障碍物周围堆积，例如树枝。

死亡谷最高的沙丘被戏称为“大爸爸（Big Daddy）”——高达325米，需要差不多两个小时才能爬到顶部。

纳米布沙漠中的动物

纳米布地区极少下雨，但由于临近海洋，沙漠上空经常被水雾笼罩。一些神奇的植物和动物依赖从水雾中收集水分来生存。

雾在背上凝结成水滴，然后落入这种甲虫的口中。

百岁兰植物在雾中伸展着宽大的叶子，然后收集叶子表面凝结的小水滴；叶子下垂，意味着植物可以自行“灌溉”自己的根。

南非大羚羊通过植物补充水分，利用鼻子快速吸气和呼气的方式冷却血液，以适应高温干燥的沙漠环境。

百岁兰植物

怀托摩萤火虫洞

在新西兰北岛有一个名为怀托摩的村落。第一眼看去，这个村庄并没有特别之处。但在村庄下方隐藏着一个四通八达的石灰岩洞穴网络，洞穴中更有吸引世界各地游客的奇特景观。

洞内安放了温度和二氧化碳含量监测仪器，以方便管理和保护这片神奇的洞穴。

怀托摩溶洞同样以石钟乳和石笋奇观闻名——由雨滴在数万年间沉积而成的岩石构造。

蓝色幽光

怀托摩溶洞为何如此特别？如果冒险进入洞穴，你会看到洞壁和天花板上闪烁着密密麻麻的微小蓝色幽光，这幅令人惊叹的景观吸引了众多游客，一年中最高峰时每天有超过2000人进洞参观。

闪烁的发光虫其实是萤火虫幼虫，而非真正的蠕虫。

幼虫

起初，幼虫的长度只有3到5毫米，但成虫可以到达30至40毫米。

蛹

数个月后，幼虫会用丝茧包裹身体。

真菌蚋

丝茧包裹的幼虫慢慢变态，大约两周后，成年的真菌蚋破茧而出。

光从哪儿来？

这些蓝色幽光来自成千上万的萤火虫，萤火虫从产在洞壁的卵孵化而来，所以发光的其实是萤火虫幼虫。这种萤火虫是一种仅见于新西兰的真菌蚋，蓝色幽光是萤火虫腹部化学物质反应的结果。

更多神秘的洞穴探险

俄罗斯奥尔达洞穴

奥尔达洞是世界上最长的水下洞穴之一，因为清澈的海水而成为了潜水者的梦想之地。

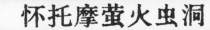

石钟乳倒挂在洞顶，石笋形似钻出地面的竹笋。

萤火虫可以吐丝并在上面涂抹黏液，像蜘蛛一样设置陷阱。这些丝线的长度可以达到50厘米。

绚烂而致命的陷阱

萤火虫的光可能看起来很美，但这些绚烂的星光实际是致命陷阱的一部分。为了捕捉猎物，萤火虫幼虫吐出了黏稠的线，从洞顶垂下，如同蜘蛛网一样，受灯光吸引的昆虫将被黏住，成为萤火虫的美食。

地下洞穴

除了萤火虫洞之外，长达45千米的怀托摩洞穴网络还包括数百个其他洞穴。这些都是石灰岩溶洞，即石灰岩受水侵蚀而成的洞穴，而怀托摩地区的石灰岩形成于3000万年前。当时，怀托摩地区深藏于海底，后来因为地壳运动分裂和抬升，部分海底陆地露出了海面。

越南韩松洞

韩松洞是全球最大的天然洞穴之一。这座洞穴巨大无比，其中甚至生长着一整片雨林，而且最高的树木超过了30米。

斯洛伐克多柏辛斯基冰洞

这个山洞里有厚达26.5米的冰墙：由于外部冷空气的涌入，洞穴内部的温度始终保持在零下3.8摄氏度或以下。

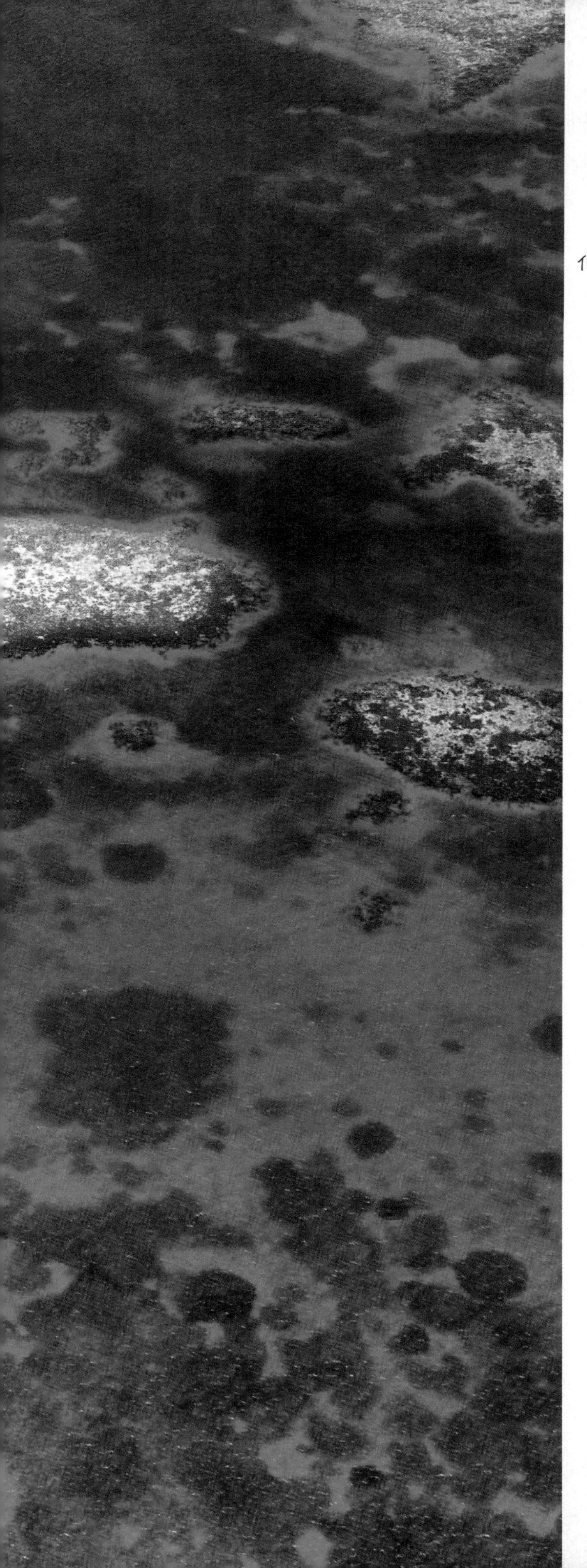

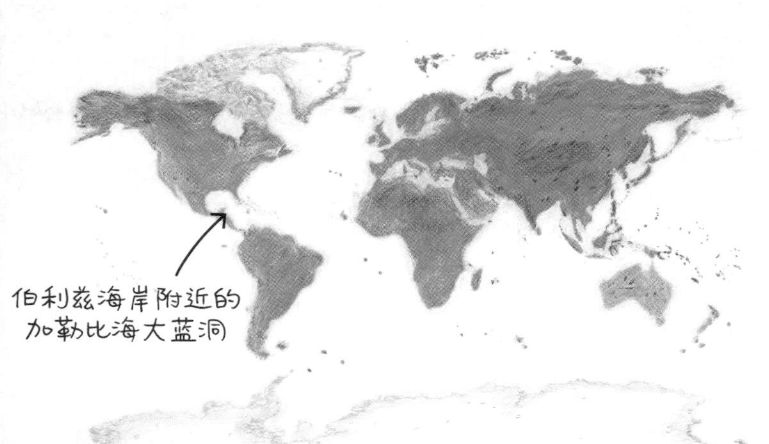

大蓝洞

就在加勒比海一片珊瑚礁的中心，有一个近乎完美的黑色圆圈。圆圈中的海水呈深蓝色，与周围蓝绿色海水显得格格不入，看起来好像海水中有一个深洞。事实上，这正是大蓝洞得名的原因。

大蓝洞的直径约300米，深达125米，
是世界上最大的落水洞之一。

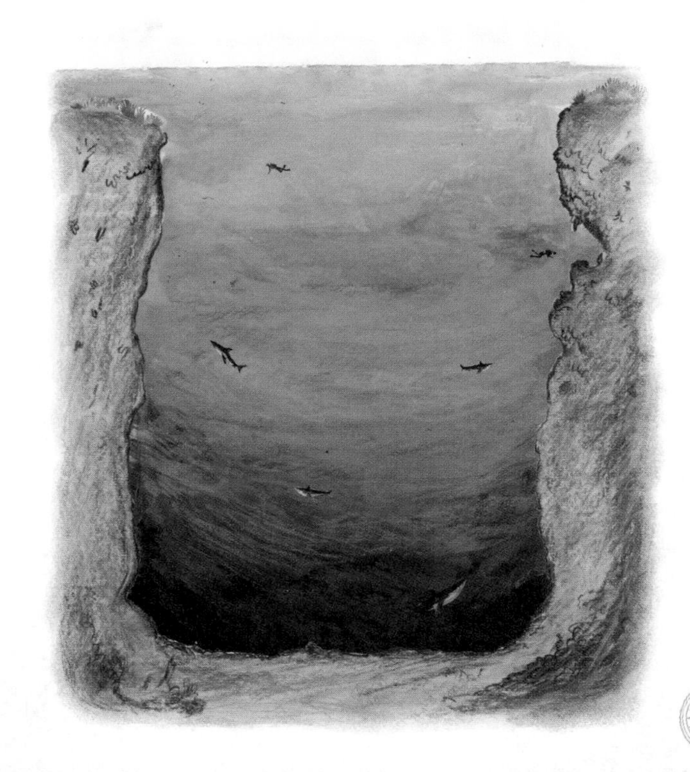

从洞穴到落水洞

很久以前，即上一个冰河时期，海平面比现在低，大蓝洞只是陆地上一个普通的地下洞穴——由于侵蚀形成的石灰岩洞穴。后来，洞顶坍塌了。地质学家也无法确定坍塌的原因，但最有可能的因素包括冰雪融化和海平面上升以及海洋引发的风化和侵蚀。之后海平面升高，海水灌满了这个洞。

为什么会出现落水洞

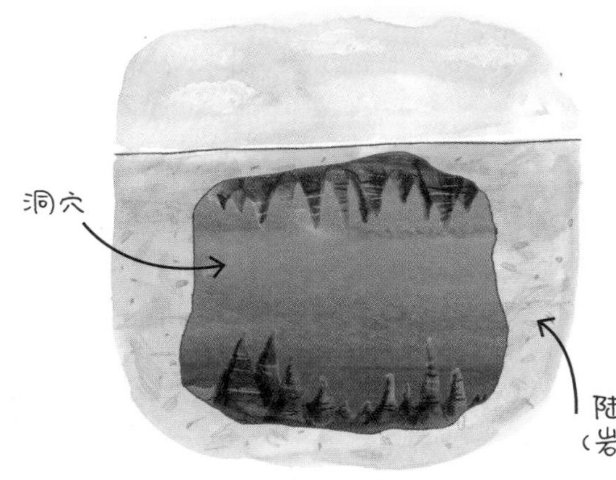

大约1.8万年前，大蓝洞是一个地下洞穴。

海平面升高，这一次洞顶坍塌了造成这一现象的原因尚不确定，很有可能是风化和海水侵蚀的结果。

随时间的推移，洞穴空间被海水填满，形成了大蓝洞。

深海生命

在地处热带的加勒比海，大蓝洞丰富的栖息地中生活着种类繁多的海洋生物，从鹦嘴鱼和礁鲨到海龟、石斑鱼、蝴蝶鱼，还有大约150种珊瑚。

海龟

脑珊瑚

潜入深海

水肺潜水是深入探索大蓝洞的唯一方法。而且大蓝洞是全球顶级的潜水胜地之一，清澈的海水和缤纷丰富的海洋景观吸引着世界各地的潜水爱好者。但是为了保证安全，只有拥有高级证书且经验丰富的潜水员才能获得在大蓝洞潜水的许可。

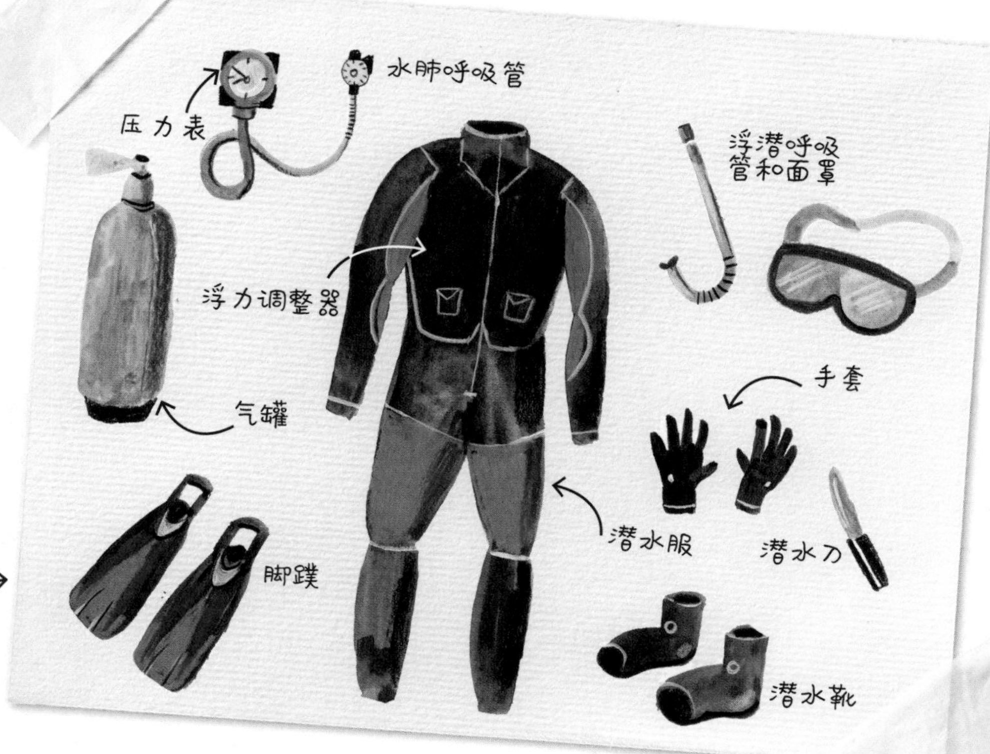

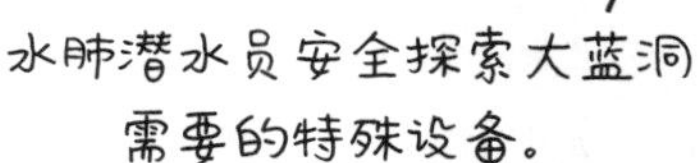

水肺潜水员安全探索大蓝洞需要的特殊设备。

海洋探险家雅克·库斯托是大蓝洞闻名于世的功臣。1972年，一家电视台跟踪报道了他探索大蓝洞的过程。

岩石证据

科学家们能够确定大蓝洞曾经高于海平面，其中一个原因就是洞中发现的石钟乳和石笋。石钟乳和石笋是陆地溶洞中常见的矿物沉积结构，但不可能在水下形成。如需了解更多关于石钟乳和石笋的信息，请参见第60到61页。

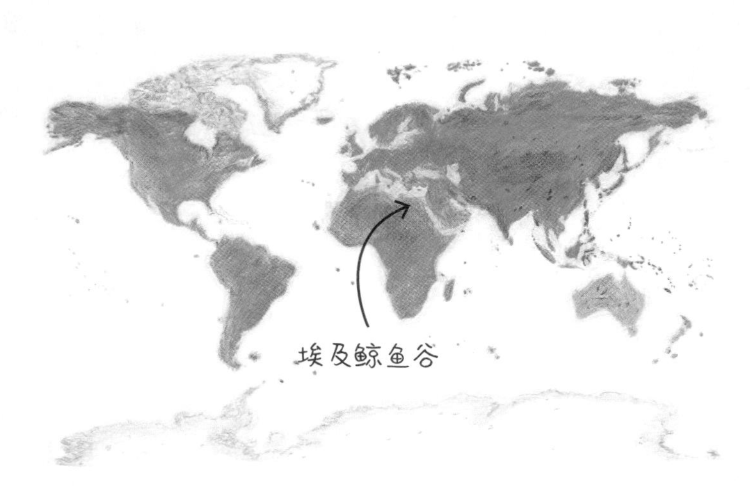

鲸鱼谷

在埃及西部沙漠的一个山谷中发现了非同寻常的化石——属于3700万年前史前鲸鱼的巨大骨骼，因此这个山谷得名“鲸鱼谷（Wadi Al-Hitan）”，并且解答了长期困扰化石科学家的一个谜团：陆地上是否真的曾有鲸鱼生存过？

鲸鱼谷发现的巨大头骨化石属于史前鲸鱼——龙王鲸。

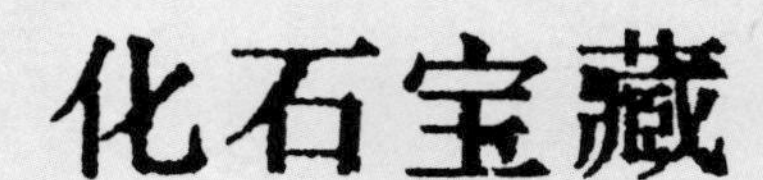

化石宝藏

虽然现在已被黄沙覆盖，但鲸鱼谷曾经也是一片热带浅海。在鲸鱼谷发现的大多数鲸鱼骨化石都属于两个物种——龙王鲸和矛齿鲸，此外还有海龟、鳄鱼、鲶鱼和鲨鱼的化石。这些骨骼大多保存完好，科学家甚至找到了断裂的牙齿和没有消化完的鱼的残骸。

会走路的鲸鱼

20世纪80年代，美国化石科学家菲利普·金格里奇在鲸鱼谷获得了一个惊人的发现。在挖掘龙王鲸的骨架时，他发现了第一块鲸鱼膝盖骨。之后他还发现了后腿、脚和脚踝的骨头，甚至完整的小脚趾，证明鲸鱼曾经在陆地行走和生活过。

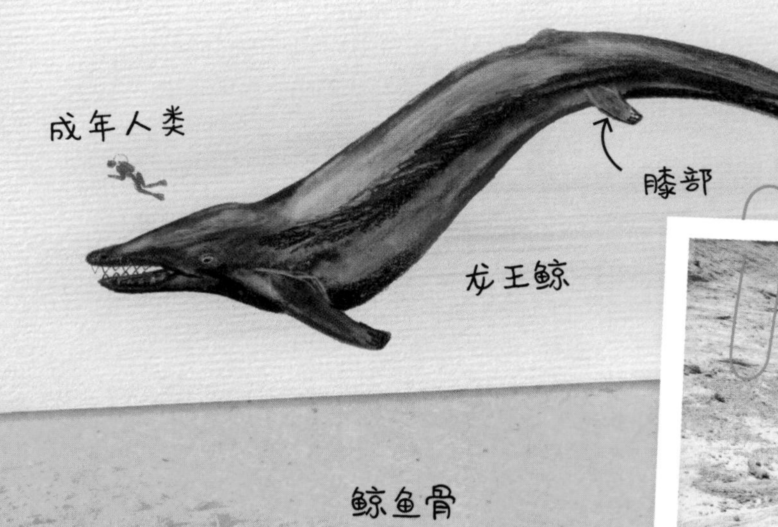

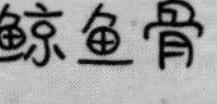

2015年，鲸鱼谷出土了第一副完整的龙王鲸骨架。为了保护化石，这具18米长的骨架目前保存在鲸鱼谷新建的博物馆中。

鲸鱼的进化历史

5000万年前

巴基鲸

作为鲸鱼最早的祖先之一，巴基鲸生活在陆地上，用四肢行走。

5000万至4800万年前

游走鲸

一种类似鲸鱼的猎食动物，游走鲸能够自如地适应陆地和水中生活。

4600万至4700万年前

罗德侯鲸

这种鲸鱼的腿很短，脚趾间可能有蹼，善于游泳。

3400万至4000万年前

龙王鲸

作为一种巨大的海洋生物，龙王鲸长着类似鳗鱼的细长身体和狭窄的鼻子。

4000万至3300万年前

矛齿鲸

矛齿鲸的形状与现代鲸鱼相似，但长着如同匕首的锋利牙齿。

3400万年前

座头鲸

经过漫长的进化之后，现代鲸鱼出现。有些鲸鱼，例如座头鲸，口中长出了类似筛子（替代牙齿）的器官，可以过滤海水获取食物。其他现代鲸鱼则保留了牙齿。

适应水中生活

化石科学家认为，第一批鲸鱼生活在大约5500万年前的沿海地区。为了寻找食物，它们不得不一步一步走向大海深处。数百万年之后，这些鲸鱼的前肢变成了鳍肢，尾巴末端越来越宽，游泳技能也日益精湛。后来，有些鲸鱼长出了替代牙齿的鲸须——口中的过滤器官，并习惯了过滤海水获取食物的方式。

沙漠特征

数百万年之前，这里可能是鲸鱼在陆地最后的家园；现在，鲸鱼谷变成了炎热干燥的沙漠，方圆数千米几乎找不到一滴水。尽管环境如此恶劣，当地仍然生活着北非豺、鹿瞪羚和耳廓狐等很多动物。

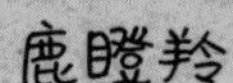
鹿瞪羚

耳廓狐因为硕大的耳朵得名，大耳朵还是它们的随身“空调”，可以帮助散发热量，保持适合的体温。

耳廓狐

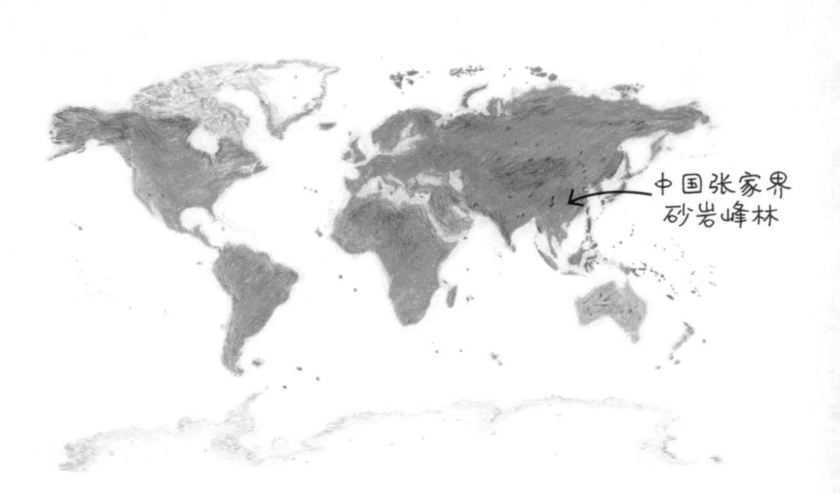

张家界砂岩峰林

张家界砂岩峰林位于中国湖南省西北部，由3000多根拔地而起的岩柱组成，从森林直刺天空。这些山峰的侧面几乎垂直于地面，点缀着绿色的树木和灌木，顶部经常被云雾遮挡：独特的景观如梦似幻，经常成为科幻电影的取景地。

冬季，尤其是雪后（地处亚热带，降雪较为罕见），积雪覆盖的山峰别有一番景致。

奇石危峰

张家界以砂岩峰林著称，最高当属海拔1,262米的天子山昆仑峰，峰林侧面和山顶被常青树木和灌木丛覆盖。张家界景区属于亚热带季风气候，一年中大多数时间温暖潮湿，全年都有降雨，温度最高可达35摄氏度，最低0摄氏度。砂岩峰林和原始森林都是张家界国家森林公园的核心景观。

天门山位于张家界永定区，因为悬于峭壁的130米高溶洞（天门洞）而著称。

张家界砂岩峰林的由来

海洋

石英砂岩在水中形成。

大约3亿年前，张家界地区被汪洋淹没。

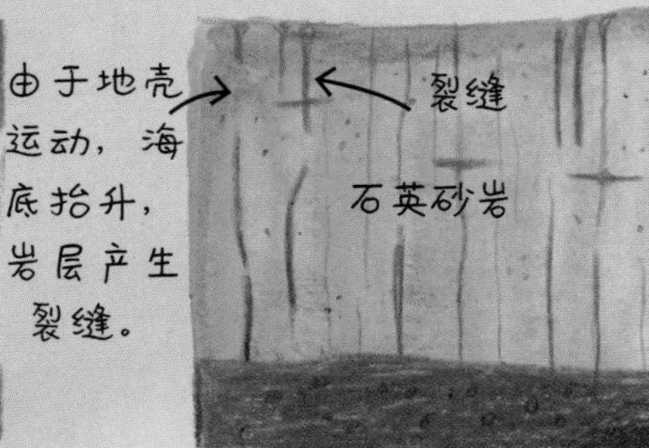

由于地壳运动，海底抬升，岩层产生裂缝。

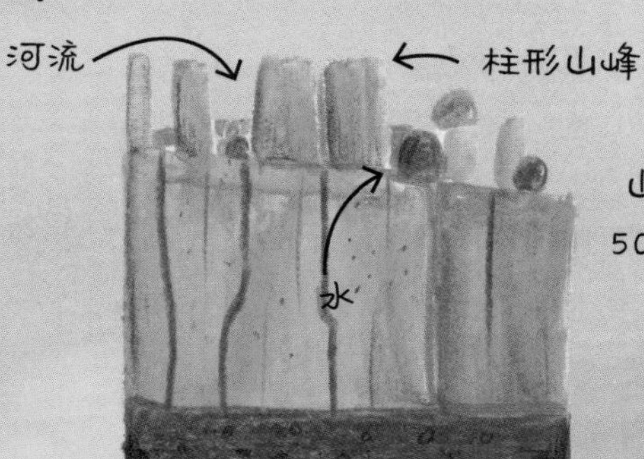

河流、冬冰和风化作用不断扩张和侵蚀岩石裂缝，留下了柱形的山峰。

山体雕琢

柱形山峰由石英砂岩（以石英为主要成分的砂岩）构成。很久以前，张家界地区是一片汪洋，石英砂岩在海底形成。由于地壳运动，陆地逐渐被抬高，岩石层产生了裂缝。在数百万年的时光中，河流、冰和风化作用不断扩张裂缝，侵蚀岩石，柱形山峰在大自然的雕琢下慢慢面世。

公园的野生动植物

除了著名的峰林之外，张家界国家森林公园同时集中了广泛的森林、深谷、河流、湖泊和洞穴等众多地理特征，为许多植物和动物提供了理想的栖息地，其中包括中国原产的栗树和中国大鲵——后者是受法律保护的极度濒危动物。

中国大鲵（娃娃鱼）是世界上最大的两栖动物，身长可以达到1.8米。

张家界森林公园的其他景点

盘山公路

盘山公路沿陡峭的山体蜿蜒而上，包括99个急转弯，路侧就是陡峭的山崖。

缆车

即使乘坐缆车，到达天门山顶也需要差不多半小时的时间。天门山索道是世界上最长的单线循环高山客运索道。

玻璃观光电梯

外侧采用全透明玻璃的观光电梯建于悬崖侧面，可以将乘客送到326米高的山顶。

希利尔湖

在西澳大利亚南海岸附近的中岛北部，有一片令人失声惊叹的湖泊。让人惊叹的是鲜艳的泡泡糖粉色湖水，这与附近翠蓝色的海洋形成了鲜明对比。而且你可以在粉色的湖水中畅游，虽然想要到达湖边非常困难。

希利尔湖周围环绕着茂密的森林，那里生长着许多桉树和千层树。

传统看管员

乌贾里人（Wudjari）是这片土地的传统看管员（所有者），他们知道这片粉红湖已经有数个世纪之久。希利尔湖附近有乌贾里人的遗址，例如岩洞庇护所和举行仪式的地点。不过，希利尔湖的名称并非来自乌贾里人，而是来自1802年的发现者：来到这里的一位英国探险家以一名船员的名字命名了希利尔湖。

澳大利亚各地都有原住民生活过的痕迹。这张照片拍摄于西澳大利亚北部金伯利地区的纳古拉拉（Ngurrara）岩洞，壁画描绘的是一次捕鱼的场景。

粉红的湖水

希利尔湖是一个盐湖，长600米，据称粉红色湖水源于生长在咸水中的微藻类（类似植物的微小生物）和其他单细胞生物（微生物）的特殊组合。地球上所有盐湖都生活着嗜盐生物。

湖岸有盐脱水后形成的晶体，即使从湖里捞出来，湖水也会永远保持粉红色。

其他值得探索的粉色湖泊

塞内加尔玫瑰湖

塞内加尔属于温暖的半干旱气候，而玫瑰湖通常在11月到次年6月的旱季呈现最粉红的颜色。届时，在正午时分前往，游客可以欣赏鲜艳的色彩，并享受游泳的乐趣。

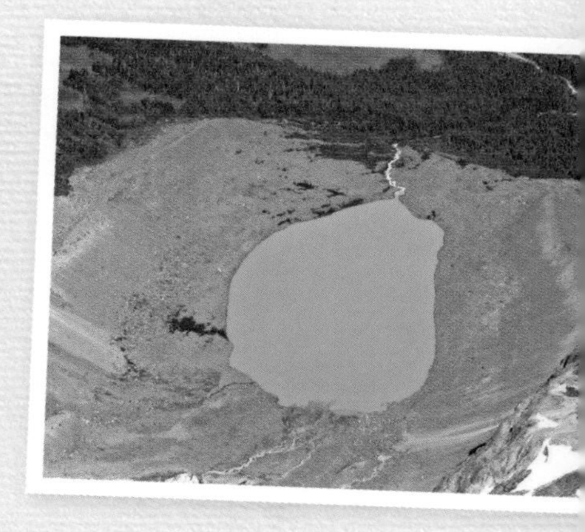

湖中的生物

藻类是希利尔湖中仅有的生物。不过，希利尔湖属于当地的一个自然保护区，这个保护区包括西澳大利亚南海岸的100多个岛屿和珊瑚礁，这些岛屿是许多海鸟和哺乳动物重要的栖息地和繁殖地，例如剪水鹱和企鹅，以及海狮和海狗。

拿大玫瑰湖

拿大玫瑰湖位于一高山上，来自冰川水的矿物质是湖水现粉红色的原因。且游客也可以在湖游泳。

俄罗斯萨西克·西瓦什潟湖

这片粉红色的湖泊看起来很可爱，但气味却很难闻。尽管如此，在湖中游泳并没有危险。人们从湖水中提取了数吨稀有的粉红色盐并销往世界各地。

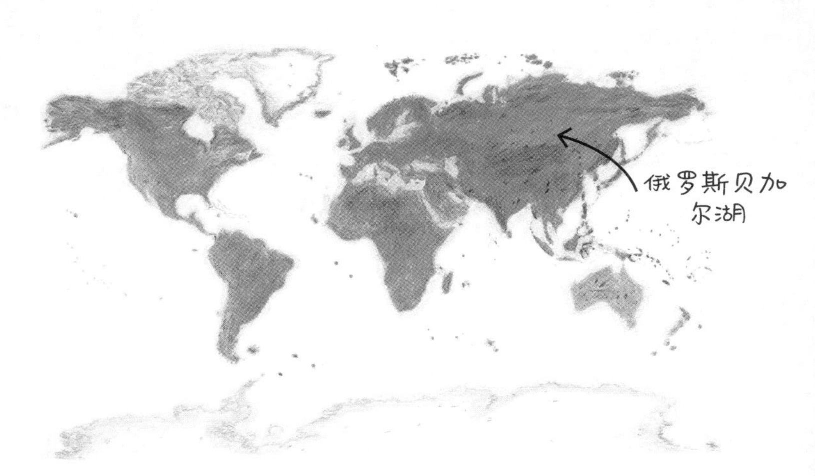

贝加尔湖

虽然地处俄罗斯西伯利亚偏远荒野的深处，但贝加尔湖是世界上最古老、最深、水量最大的淡水湖。冬季，甲烷气体的气泡会与清澈的湖水一同结冰；虽然夏季是适合游泳的季节，但贝加尔湖的湖水仍然很冷！不过，在冷水中游泳也不失为一种享受。贝加尔湖的寒温带气候为一些当地特有野生动物提供了完美的栖息环境，例如长着獠牙的麝香鹿和淡水海豹。

贝加尔湖是贝加尔海豹的家园，当地人称之为“nerpa”。贝加尔海豹是极少数能在淡水中生活的海豹物种之一。

关于贝加尔湖

贝加尔湖占地约31,500平方千米，面积超过比利时。按体积计算，贝加尔湖同样是世界上最大的淡水湖，容量约占地球所有淡水总量的五分之一。此外，它是地球上最深的湖，最深处达1620米。

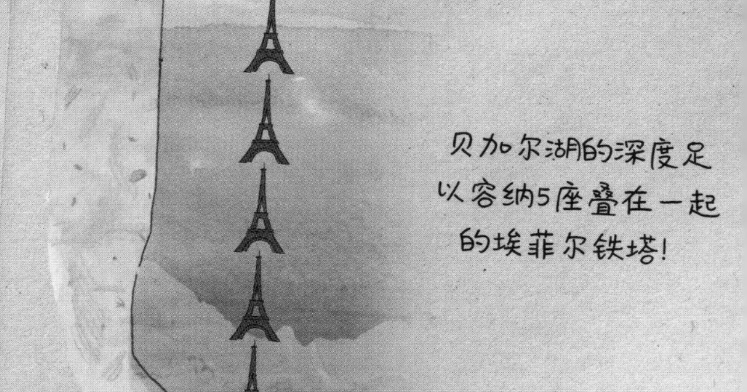

贝加尔湖的深度足以容纳5座叠在一起的埃菲尔铁塔！

贝加尔湖的历史

贝加尔湖外形类似长而弯曲的新月，周围是环绕的群山，形成于约2000到2500万年前两个地壳板块分离产生的一个古老裂谷。现在，裂谷仍在以每年约2厘米的速度扩张，而地壳运动每隔数年就会引发地震。请参见第12页，了解更多关于裂谷的信息。

每年二月和三月，贝加尔湖表面都会覆盖厚厚的冰层，厚度甚至可以达到2米，足以支撑卡车的重量。

细菌释放（来自腐烂树叶和其他生物的）甲烷气体时，湖中就会升起甲烷气泡。甲烷气泡上升到湖面，然后进入到空气中，冬季这些气泡则会留在冰层中。

布里亚特族用代表祝福的五彩丝带装饰树枝和树杆。

贝加尔湖的居民

布里亚特族居住在贝加尔湖南部和东部以及奥尔洪（见下文），他们视贝加尔湖为圣地，而且相信贝加湖是神灵的住所。布里亚特的传统服装通常十分鲜，而且这些颜色具有特殊的含义：黑色代表土地，蓝代表天空（上界），红色代表下界。

布里亚特族的传统长袍称为蒙古袍（deel），通常为羊毛、棉花或丝绸材质。冬天，布里亚特人会穿着多层衣服来抵御严寒。

三兄弟岩

贝加尔湖中的岛屿

贝加尔湖周围有大约27座岛屿，三兄弟岩是其中之一。传说这些岩石曾经是真正的三兄弟，但被他们的父亲变成了石头。奥尔洪岛是贝加尔湖中最大的岛屿，也是世界上第三大湖岛，并且岛上有陡峭的山脉、茂密的森林、岛屿湖泊和零散分布的半沙漠。

贝加尔湖野生动植物

贝加尔湖为超过2500种动物和1000种植物提供了家园，其中约80%为贝加尔湖地区所特有，也就是说世界其他地方都没有发现，而最著名的当属贝加尔海豹、胎生贝湖鱼和奥木尔鱼（一种鲑鱼）。不过，贝加尔湖一半以上的鱼类都属于特有物种，还有很多特有的软体动物、甲壳动物、扁虫、蜗牛和海绵物种。贝加尔湖周围的山脉和森林中同样生活着种类繁多的其他动物。

奥木尔鱼属于鲑鱼物种，目前正作为食物遭到大量捕捞。但是过度捕捞已经导致该物种濒临灭绝。

西伯利亚狍是一种优雅的小型动物，生活在湖泊周围的森林中。冬季，它们成群结队地向山谷深处迁移。

欧亚大陆的棕熊身披厚厚的皮毛，可以适应寒冷的山林环境，主要以浆果、草和昆虫为食。

凭借看起来十分凶残的獠牙，雄性麝香鹿与同类展开战斗，以赢得伴侣和保护领地。

欧亚狼成群生活，通过协作猎杀鹿、驯鹿和野猪等动物为食。

贝加尔湖面临威胁

目前，贝加尔湖独特的环境正面临着许多威胁。例如，由于农场和工厂排放的污水和化学品污染，导致有毒藻类大量繁殖（藻华）；过度捕捞对许多鱼类种群的生存构成了威胁；旅游者留下的垃圾同样污染着当地环境。不过，环保机构的努力也取得了部分成效。2013年，当地政府关闭了一家造纸厂，并叫停了靠近湖岸的石油管道计划。

尤里卡鸣沙丘

在美国加利福尼亚州偏远的尤里卡谷，干涸的湖床上耸立着让人目眩的沙丘。在天气晴朗且轻风徐徐的日子，爬上沙丘并仔细聆听，你或许能够听到沙子的歌唱。尤里卡沙丘是北美洲最高的沙丘之一。这些沙丘大多形似狭长的山脊，并排而立，此外还有一些星形沙丘。

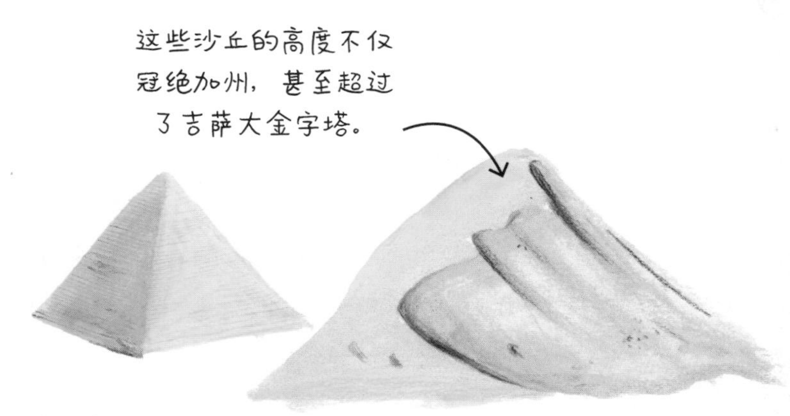

尤里卡谷栖息地

沙丘位于尤里卡谷风沙堆积的一端（关于沙丘的形成过程请参见第57页），因此当地的栖息环境十分恶劣。不过，当地野生动植物得到了周围山脉的帮助：山脉可以收集雨水，雨水渗入沙粒，而沙丘能够像海绵一样保持水分。

最后机会山

沙丘的两面

迎风面

沙丘面向风的一侧称为迎风面。在迎风面，风吹动沙粒向上堆积。

沙粒从沙丘的另一侧滑落，这一侧称为背风面。

背风面

沙丘植物

沙漠中同样生长着部分植物，包括在尤里卡沙丘上发现的稀有物种。

尤里卡沙丘草仅见于尤里卡沙丘，通常生长在沙丘斜坡的高处，利用发达的根系深深插入沙丘，吸收水分和营养并帮助固定，而叶子末端有坚硬的刺，可以阻止食草动物。

尤里卡沙丘月见草同样是尤里卡沙丘特有的物种。这种植物可以一直在沙粒下方休眠，直到雨水来临。在条件适宜的情况下，月见草可以快速生长，然后在夜间开放白色的花，吸引飞蛾等夜间活动的昆虫帮助授粉。

斑黄耆（不太确定）在北美洲西部地区分布较为广泛，叶片覆盖银色绒毛，可以反射多余热量并保存水分，能够在沙丘上成簇生长。

大盆地哥夫蛇

大蜥蜴
（一种蜥蜴类型

奇的鸣沙

如果爬上一座尤里卡沙丘，用脚向坡下踢沙子，或者风向另一侧吹沙粒的时候，你或许能够听到低沉的声音，好像一架小型飞机或管风的轰鸣，这是沙粒滑动时相互摩擦产生的声音。

并非所有沙丘都会唱歌，但在尤里卡，干燥的天气最容易听到鸣沙丘的歌声：因为山丘的沙粒松散、干净而且大小合适，并且山丘的坡度也非常适合。

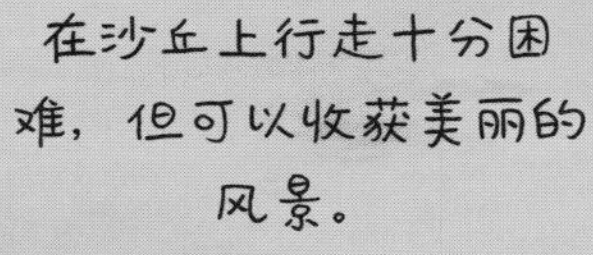

在沙丘上行走十分困难，但可以收获美丽的风景。

死亡谷

尤里卡沙丘在美国死亡谷国家公园的位置相对偏远。死亡谷国家公园拥有多样化的栖息地，从北美洲最炎热和最干燥的沙漠到白雪皑皑的山脉和开满鲜花的草场，生长和生活着超过1,000种植物和440种动物，包括部分特有物种。

丘动物

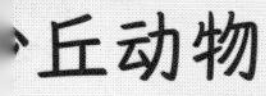

除了进化出特殊本领的植物，沙丘还是蛇、蜥蜴和甲虫等物的家园。拟步甲白天躲在沙里，逃避高温和捕食者。

拟步甲

小狐（或沙狐）是一种生活在死亡谷的小型狐狸，长着一双巨大的耳朵——大耳朵不仅能够帮助发现猎物和天敌，而且能够散发热量，确保身体保持凉爽。

小狐

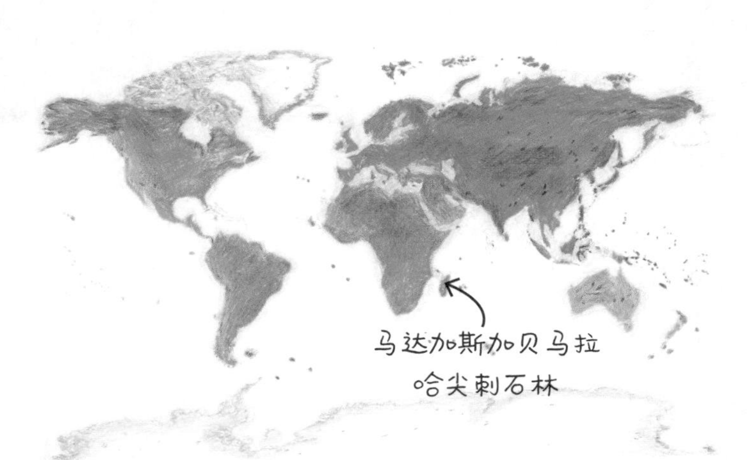

贝马拉哈尖刺石林

在马达加斯加的西部，尖锐的岩刺如同春笋一般铺满地面，形成了一片尖刺石林。每一根石刺都是“tsingy”（马达加斯加语，大致意思为“不能赤脚走过的地方”）。由于这些石刺特别锋利，可以刺穿徒步靴的鞋底，所以尖刺石林名副其实。

陡峭的石刺根部是潮湿的山洞，顶部则是光秃秃接受太阳炙烤的尖刺。

蚀刻峡谷

峡谷主要由易溶解的石灰岩构成。地质学家认为当前地貌是地下水和雨水溶解和塑造的结果，雨水侵蚀石灰岩，形成了石刺，以及洞穴、峡谷和隧道。世界上只有少数地方存在类似的地质景观。

石刺的形成过程

海水

石灰岩

大约两亿年前，这个地区被海水覆盖，海底则是非常纯净的石灰岩床。

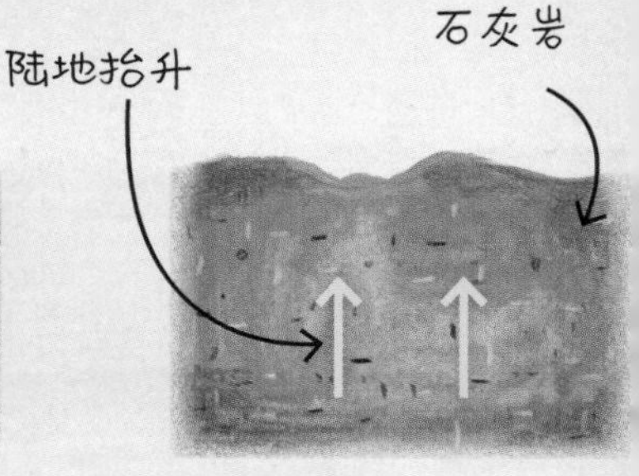

后来，地壳运动让陆地和石灰岩床）升到了海以上。随着海水继续退，陆地面积不断增加

雨水

石灰岩开始溶解

地下水

数百万年来，地下水不断溶解并雕琢石灰岩，在岩层中形成了深而广阔的洞穴。此外，雨水也在不断降低石林的高度。

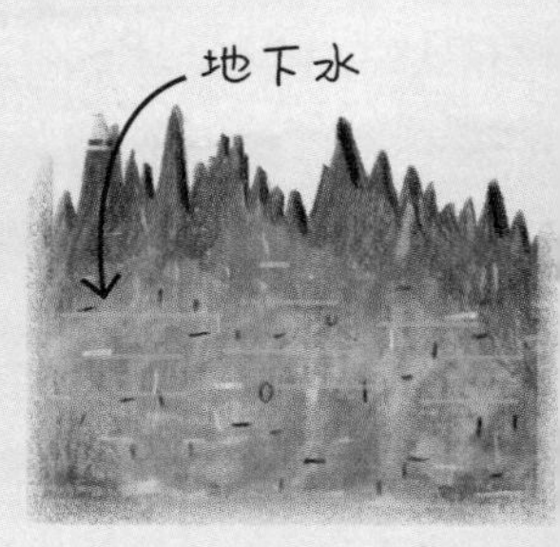

随着时间的流逝，洞顶部被溶穿，形成了深的峡谷（侧壁非常峭且狭窄的峡谷）。使在今天，地下水和水仍在继续溶解和打尖刺石林。

在尖刺石林中行进非常困难，因此人们对石林大部分地区的认知仍是空白。

非洲霸王树（Pachypodium lamerei）是一种开花植物，粗壮的茎可以储存水分，而它的刺能够从雾中收集水分。

针刺自然

贝马拉哈尖刺石林以及周围的森林共同构成了贝马拉哈自然保护区。保护区属于温暖干燥的热带气候，生活着很多独特的野生动植物。而且，科学家们经常可以在保护区发现新的野生动植物物种。除了每年10月到次年4月的雨季，其余时间该地区的降水都十分稀少，植物都已经巧妙适应了当地环境。

白天，叶尾壁虎躲在树叶间休息，通过精湛的伪装完美隐藏自己。夜间，它们以捕食昆虫为食。

猴面包树粗壮的树干中储藏了大量的水。

有的石刺高达100米。

善于跳跃的狐猴

德肯狐猴是马达加斯加最大的狐猴物种之一，可以凭借强壮的后腿在石刺间跳跃穿行，寻找树叶和水果为食：因为它们的脚底覆盖着厚厚的一层皮，所以面对尖锐的石刺也能够安然无恙。

德肯狐猴一次可以跃过30米的距离。

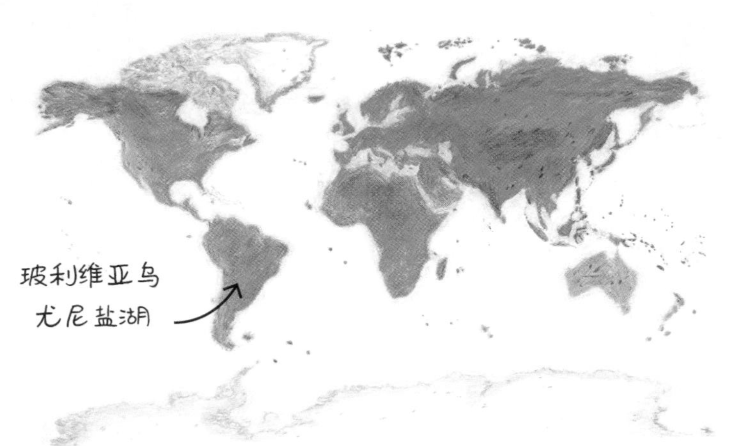

乌尤尼盐湖

玻利维亚的乌尤尼盐湖（Salar de Uyuni）广阔无比，看起来仿佛一面巨大而闪亮的白色盐滩，一直延伸到天边。这幅奇特的异世界景观曾在许多科幻电影中出现过，但乌尤尼盐湖其实是一片盐漠。在旱季，干燥的盐湖表面铺满了盐的结晶体；在短暂的雨季，特别是刚刚下完雨之后，盐湖会暂时变得名副其实，虽然水只有非常浅的一层。

乌尤尼盐湖表层覆盖着厚达10米的一层盐，被水淹没的表层可以化身为“天空之境”，让人分不清天与地。无论潮湿还是干燥，厚厚的盐层都可以让游客漫步或驾车通过。

天空之境

乌尤尼盐湖的面积超过了1万平方千米，是全球最大的盐滩，或称干盐湖，是大约4万年前史前湖泊蒸发后留下的遗迹，也是世界上最平坦的地方之一。在每年1月至3月的雨季，如果盐湖被浅浅的一层水覆盖，乌尤尼盐湖就会变成一面巨大的镜子——天空之境。

多边形图案（多面体）是盐层中盐晶体在旱季生长和开裂的结果。

这些形状的宽度在1到4米之间。

咸泥浆和盐水

为什么会出现盐滩

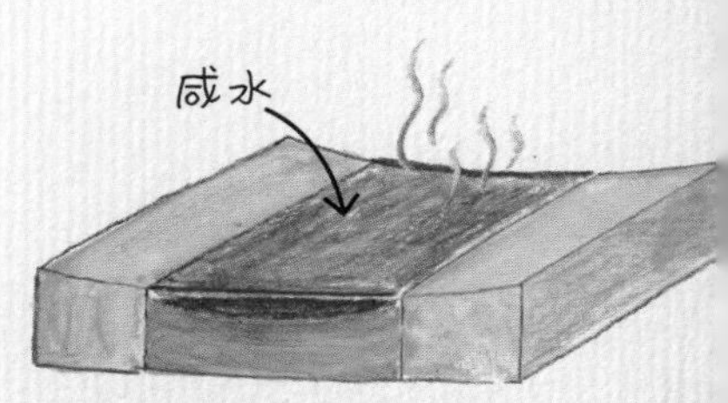

盐滩常见于水蒸发量超过降雨量的环境。

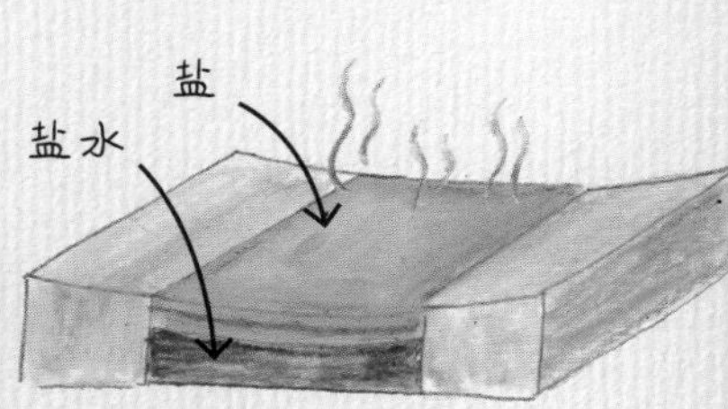

咸水（盐水）逐渐干涸，此前溶解于水的盐在水面析出，盐水留在下面。

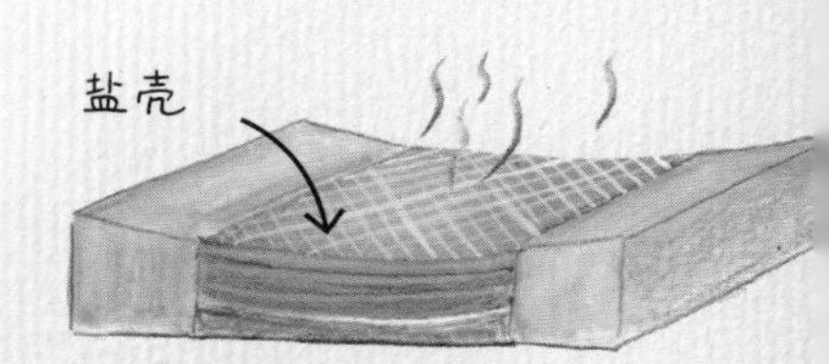

固态的盐在表面结成薄薄的一层，然后随着蒸发过程的持续而不断加厚。

盐湖的特产

在盐湖的盐层下方是咸泥和盐水。碳酸锂是盐水中发现的一种盐，目前已开始大规模被商业化提取。锂的用途广泛，可以用于制造移动电话、笔记本电脑和电动汽车的电池。

用盐建造的酒店

如果前往乌尤尼盐湖，并且希望获得独特的体验，游客可以入住盐宫（Palacio de Sal）酒店。这家酒店的奇特之处在于它是用大约一百万块盐块建造而成的，甚至配备了一个由盐铺成的高尔夫球场。为了保持盐的新鲜，酒店每隔15年就会重建。

酒店内使用的桌子、椅子和床都由盐块制成。

印加之家（Isla Incahuasi）是盐湖中的一座岛屿，曾是印加人穿越盐湖时一处歇脚的地方。这座岛屿以巨大的仙人掌而闻名，其中有些仙人掌已经生长了数百年。

巨型仙人掌生长缓慢，一年可能只长高1厘米左右。不过，这些仙人掌大多都可以长到2米以上，有的可以达到10米！

火烈鸟的栖息地

乌尤尼盐湖是南美洲3种火烈鸟重要的繁殖地：秘鲁红鹳（秘鲁火烈鸟）、安第斯红鹳（安第斯火烈鸟）和智利火烈鸟。这些火烈鸟通常在11月到来，非常自如地在咸水湖中觅食，它们通过鼻孔附近的腺体排出多余的盐。

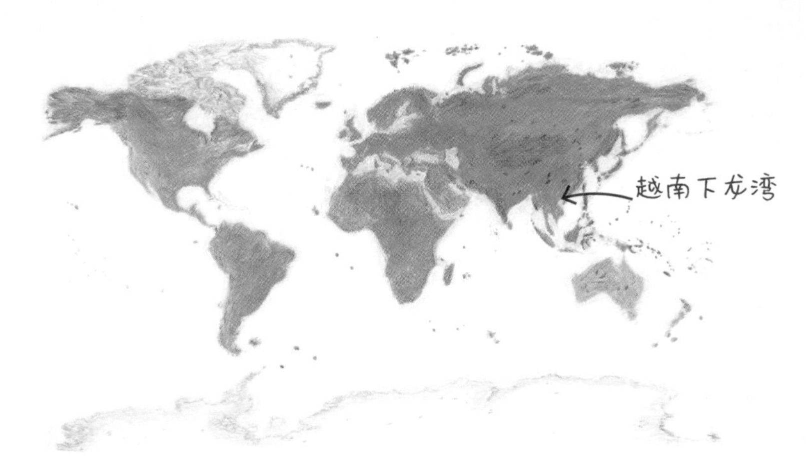

下龙湾

在越南东北部美丽的下龙湾，数以千计的石灰岩岛屿和岩柱像宝石一样散落在翠绿的海水中。海湾地处热带，因此岛屿大多覆盖着茂密的热带雨林，近海珊瑚礁则生活着数百种珊瑚、鱼类、软体动物和甲壳动物。

载着游客和导游的船只在梦幻般的海湾徜徉。

下龙湾

下龙湾分布着大约2000座海拔50至100米之间的石灰岩岛屿。大约3.4亿到2.4亿年前，下龙湾也是海洋的一部分。不过，由于地壳运动和陆地抬升，下龙湾地区的部分海底露出了海面。然后，构成陆地的石灰岩面对海浪冲刷和风吹雨打，慢慢溶解并变成了现在的样子。下龙湾的部分岛屿因不同寻常的形状而得名，例如石狗（Cho Da）岛和蛤蟆（Con Coc）岛。

木桩洞的高度达到了25米，从洞口射入的阳光满足了洞内苔藓的生长需求。

木桩洞

在下龙湾的部分岛屿上发现了巨大的洞穴，其中最大的属木桩洞（Hang Dau Go）。木桩洞包括三间洞室，洞内有石乳和石笋，甚至还有一个淡水湖（关于石钟乳和石笋的详细信息请参见第60到61页）。这座洞穴因为其中安插的尖木桩而名，安插木桩的是13世纪的越南军队，目的是阻拦甚至撞沉侵者的船只。

蜥蜴、蝙蝠、鸟类和猴子都在雨林找到了适合的栖息地，而且适应了当地的热带气候：夏季炎热、潮湿，冬季干燥、凉爽。

龙下海的地方

“Ha Long”在越南语中的意思是“下龙”。传说，在某次当地人遭受攻击时，一条巨龙带着幼龙从天而降，巨龙喷出了火、绿宝石和玉石，这些宝石落入海湾后变成了岛屿。

吉婆岛（Cat Ba Island）是白头叶猴的家园，而白头叶猴是全球最稀有的猴类之一。

下龙湾的居民

约1600人居住在下龙湾以及海湾周围的小渔村里，他们在水面漂浮的木制平台上搭建房屋。房屋旁边是漂浮的大木架，木架四周围着渔网。村民们以养鱼为生，同时为参观海湾的游客提供住宿和游船服务。

在下龙湾的水上渔村中，色彩鲜艳的房屋旁边就是养鱼场。

南美洲

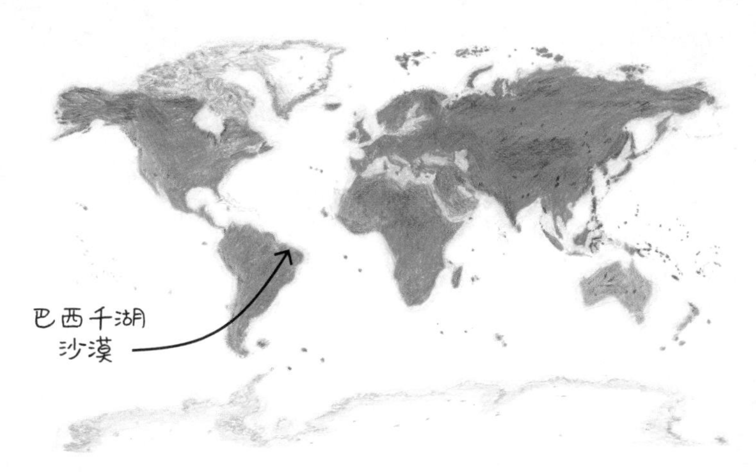

千湖沙漠

沿巴西东北部海岸是绵延的千湖沙漠——由数千座微微泛光的白色沙丘组成的波浪形沙漠，沙丘中间凹陷的位置则被深水洼占据（雨季），故称千湖沙漠（中文名称）。从空中俯瞰，这些沙丘如同床单随风飘扬时形成的褶皱——这片沙漠（Lençóis Maranhenses）由此得名，“Lençóis”在葡萄牙语中的意思是“床单”。

沙丘之间凹陷的区域会在雨季装满雨水，而这些水洼到了旱季就会蒸发消失。

飘扬的床单

裹挟着数千吨的沙子，有两条河流从千湖沙漠穿过，然后将大部分沙粒堆积在海岸。旱季，强风又将海岸的沙粒吹回内陆，形成新月形沙丘，沙丘层层排列，共同组成了整片沙漠（请参见第57页，了解更多关于沙丘的知识）。

成群的美洲红鹮落在沙丘觅食，用长长的喙搅动沙漠泻湖，搜寻贝类为食。

沙丘和潟湖

虽然由沙丘组成，但千湖沙漠算不上真正的沙漠。首先，沙漠属于热带气候，常年保持着较高的气温，从1月到6月是雨季，从7月到12月是旱季。在雨季，沙丘之间的凹陷位置灌满了雨水，深度可以达到3米。沙堆下面是一层不透水的岩石，可以防止水进一步渗入地下。旱季到来之后，水洼蒸发消失。

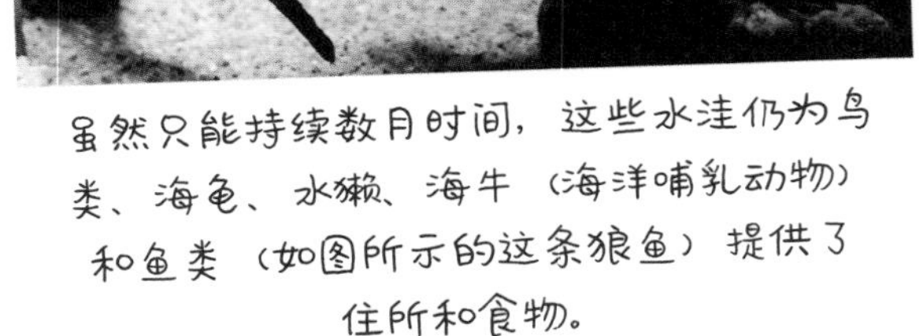

虽然只能持续数月时间，这些水洼仍为鸟类、海龟、水獭、海牛（海洋哺乳动物）和鱼类（如图所示的这条狼鱼）提供了住所和食物。

沙丘居民

千湖沙漠的小村庄里生活着数百名居民。旱季，他们在沙漠中放养山羊和鸡，种植腰果和木薯等农作物；雨季，在沙漠不适合耕种的时候，他们就出海以捕鱼为生。

村民们从海岸的树上采摘棕榈叶，然后混合泥土和木材搭建小屋作为住所。

沙丘生物

六带犰狳

六带犰狳利用前肢强有力的爪子挖掘洞穴，寻找昆虫为食。

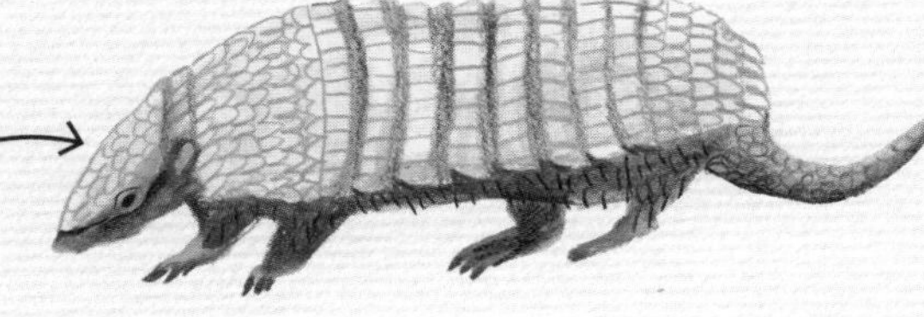

白耳负鼠

负鼠是有袋动物，幼崽出生后会爬到母亲的育儿袋中，安全地进食和发育。

巴西红耳龟

巴西红耳龟是一种彩龟。雨季，它们会爬出森林，冒着危险长途迁徙到潟湖繁殖。

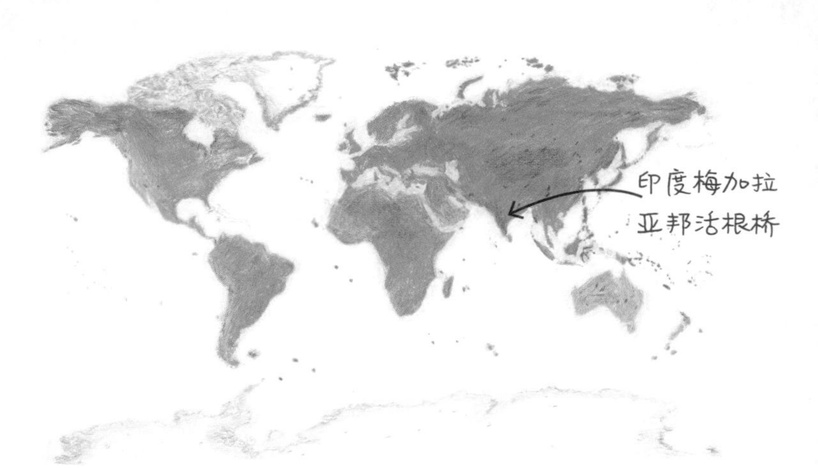

梅加拉亚邦活根桥

在印度东北部梅加拉亚邦森林覆盖的山丘间，有很多特别的桥。这些桥跨越河流和峡谷，在雨季是村庄之间唯一的通道。这些桥十分特别，因为它们是活的，桥梁由两岸树木的树根延伸编织而成，结实耐用，而且可以不断地加固。

这些桥以印度橡胶树柔韧的树根编织而成。橡胶树有两种根，向地下延伸的根，以及像绳索一样帮助锚定的地上根。

类似绳索的锚固根

云雾之乡

“梅加拉亚（Meghalaya）”的意思是“云朵的故乡”。这片森林地处热带，气候温暖、潮湿，每年的平均降雨量达12,000毫米，是地球上最潮湿的地方之一。倾盆大雨在雨季十分常见，大雨让小路变得泥泞，纵横交错的河流和峡谷都被汹涌的雨水填满。

建造桥梁

为了跨越河流，避免村庄在雨季时被完全隔离，当地居民巧妙利用了周围的自然材料来搭建桥梁——印度橡胶树的树根。不过，建造一座活根桥需要很多年：村民需要固定并引导两岸橡胶树类似绳索的地上根，确保树根朝特定方向生长，以便最终合拢形成桥梁。幸运的是，建成的活根桥十分结实，足以承受50人同时过桥。

地上根从树干探出，村民拉拽并捆绑固定这些须根，让它们横向生长，最终编结成存续数个世纪的桥梁。

其他树木建筑

印度尼西亚西苏门答腊岛巴阳树根桥

这座横跨印度尼西亚巴阳河的桥梁由两棵树的树根缠绕而成。最初，人们搭了一个跨河竹框架，用于固定和引导树根的生长。

卡西族用蓖麻蚕制作一种天然的高质量丝绸，称为蓖麻丝，然后用手工织机织成布料，以裁制传统服装。

神圣的自然

生活在当地的卡西族、简蒂亚族和加罗族相信人与自然息息相关，认为森林是神圣的，并且在世代家族中传递这种信仰。例如在名为莫里农的村庄里，村民用竹筒收集家庭垃圾，然后回收制成农田肥料。

棕颈犀鸟

梅加拉亚邦野生动植物

梅加拉亚邦的丘陵和森林中生活着野生亚洲象和非常罕见的云豹，以及鹿、熊、长臂猿、豺和猴子等众多动物。而且，在这里还能见到眼镜蛇、蟒蛇和巨蜥等爬行动物，包括犀鸟、秃鹫和翠鸟在内的数百种鸟类。

云豹

亚洲象

法国滨海塞纳省橡树教堂

在法国这棵古老的橡树已经被掏空了部分树干，于是人们在树干内建造了两座小教堂，以及固定在树干上通向教堂的螺旋楼梯。

德国奥尔施泰特柳树宫

为了建造柳树宫，人们精心种植并编制柳树枝条，以搭建圆顶。为了制作某种结构，人们经常按照特定方式修剪和培植树木。

狼溪陨石坑

在西澳大利亚大沙漠边缘有一个巨大的坑，科学家们认为这是一块大陨石撞击地球的结果。大沙漠地区拥有地球上最恶劣的气候：夏天的温度可以达到48摄氏度，但陨石坑底部因为地下水而变得生机勃勃——坑底生长着繁茂的树木和灌木。

科学家们认为接近圆形的陨石坑是陨石撞击地球的结果，而且在陨石坑周围几乎形成了隆起的环形山。

陨石撞击

狼溪陨石坑的深度与20层楼的高度相当，宽度约875米。科学家估算，发生撞击的陨石直径在15米左右，重量超过5万吨，并且飞行速度达到了每秒约15千米。

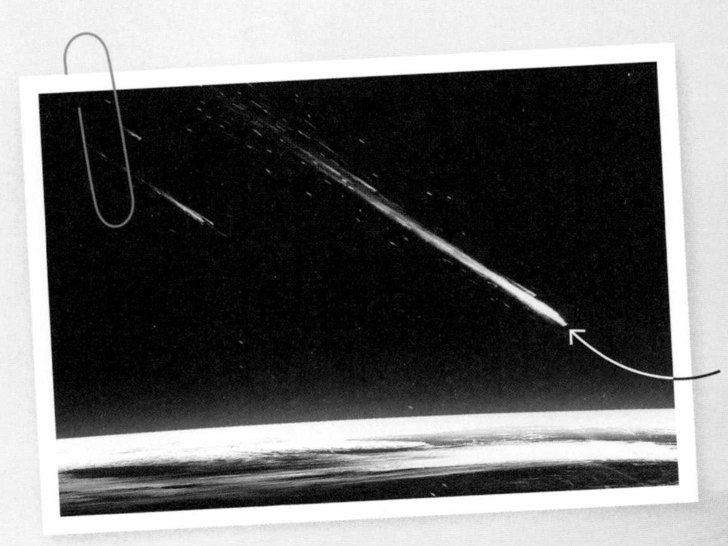

流星

科学家们认为郎溪陨石坑形成于大约12万年前的撞击事件。

流星体、流星、陨石？

有时，来自外太空的大块岩石或金属会划过地球的大气层，这些岩石或金属称为流星体。大多数流星体会与空气剧烈摩擦燃烧，在空中划出一道闪亮的痕迹，称为流星。最终到达地面的残余流星体称为陨石或陨铁。

陨石

其他巨大的陨石坑

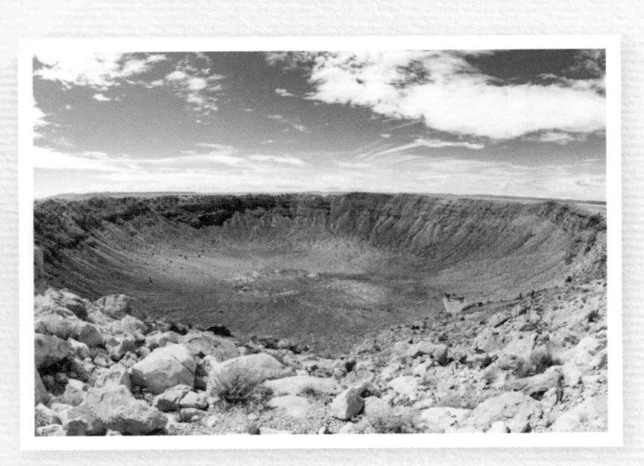

美国巴林杰陨石坑

位于美国亚利桑那州的巴林杰陨石坑直径约1200米，是世界上最大的陨石坑。

梦幻时代的故事

达鲁族（Djaru）和沃玛加里族（Walmajarri）是西澳大利亚大沙漠的传统土著（所有者），族中流传着很多关于陨石坑的故事。传说这些陨石坑形成于梦幻时代，但出现的原因却千奇百怪。例如，有一个传说称，一条巨蛇在大地中穿行，然后某天把头探出了地面，于是……

撞击着陆

高速撞击地球的陨石引发了一场巨大的爆炸，撞出了巨大的深坑，将岩石碎片四处抛洒，有些碎片甚至落在了数千米以外。散落在陨石坑周围锈迹斑斑的含铁石球可能就来自陨石/陨铁。

鲜红胸鹦鹉

许多鸟类和动物，包括澳洲野狗和高纳斯巨蜥在内，都已经适应了沙漠生活。鲜红胸鹦鹉不需要直接喝水，就能够通过植物食物满足淡水需求。

南非弗里德堡陨石坑

非弗里德堡陨石坑的历史可以追溯到20多亿年前，是世界上最古老的陨石撞击坑之一。

阿尔及利亚廷比德陨石坑

廷比德陨石坑位于阿尔及利亚撒哈拉沙漠中，坑壁显露了不同的岩石层，地质学家认为廷比德陨石坑可能是撞击留下的痕迹。

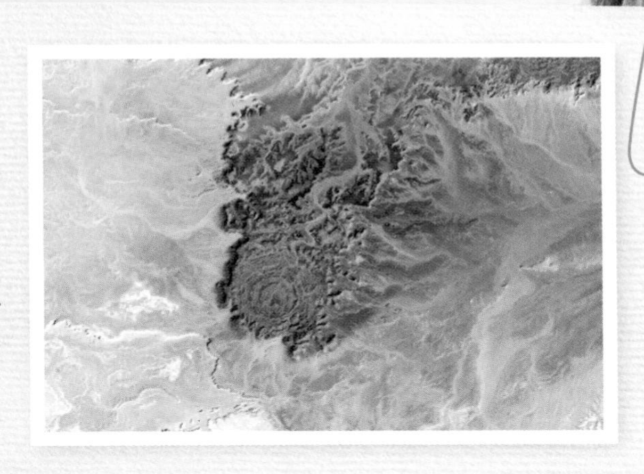

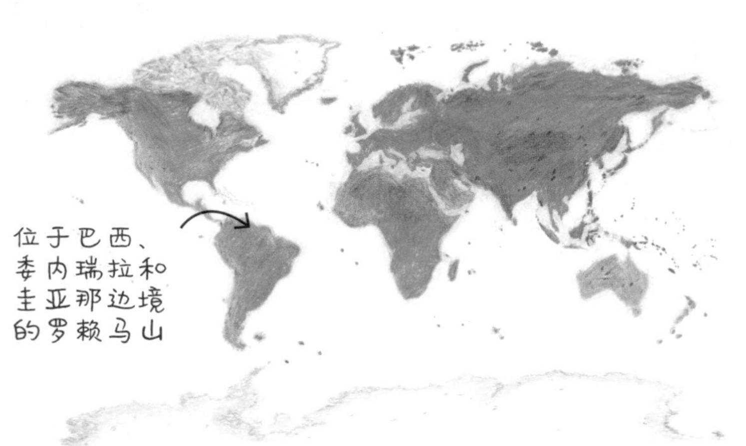

罗赖马山

在南美洲北部，耸立着一座桌面山，看起来好像漂浮在云层之上的岛屿。罗赖马山周围都是茂密的雨林，山顶则是一个独特的世界：平坦如桌面，遍布奇形怪状的岩石和巨石，还可以见到沼泽、湖泊以及外界少有的植物和动物。

罗赖马山山顶的岩石因为风化而变得光怪陆离。

桌面山

罗赖马山是一座侧壁陡峭的平顶山，高2810米，宽阔而平坦的山顶以巨大的黑色岩石和裸露的砂岩为主，还有一些零星的灌木。由于地处热带，加上被雨林环绕，罗赖马山几乎每天都会接受雨水的洗礼，因此山顶可以看到沼泽、河流和湖泊，还有从悬崖倾泻而下的壮观瀑布。

当地传说

罗赖马山总是被白云和薄雾笼罩，因此很难有人能一窥全貌。久而久之，当地诞生了很多与罗赖马山相关的神话和传说。有些人认为，山上住着母神；有些人相信，罗赖马山最初是天上落下的一棵巨树的树桩，不知何故落入人间，曾引发了一场可怕的洪水。

罗赖马山的由来

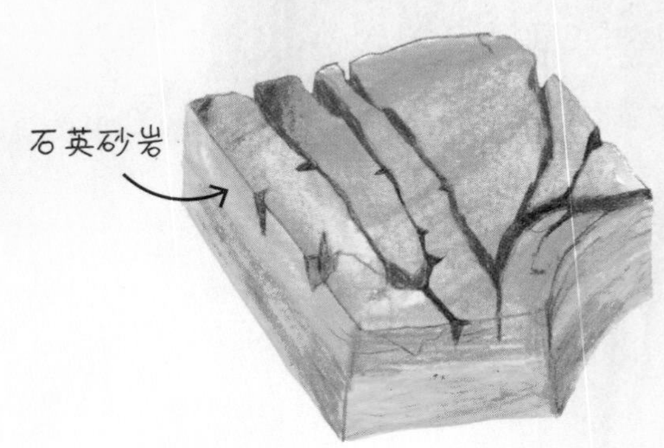

随着时间的
移，该地区的
英砂岩被雨水
河流、溪流和
下水分解。

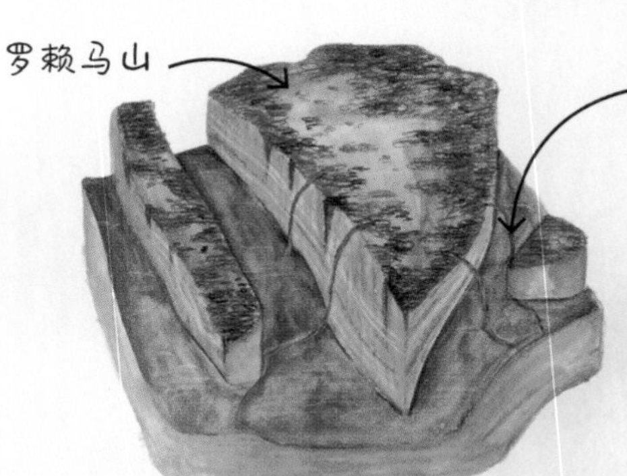

雨水、河
流、溪流和
地下水不断
侵蚀岩石的
薄弱部分，
扩张着岩石
裂缝。

大约15亿年后，侵蚀作用塑造了平坦山顶的平顶山，包括罗赖马山。

瀑布从罗赖马山一侧倾泻而下。

Tepui表示南美圭亚那高原上
平顶山，但在当地语言中的
思是“神之家”

探索洞穴

2003年，一群洞穴探险家在探索罗赖马山时收获了一个非凡的发现。他们找到了一个洞口，发现了世界上最长的石英洞穴系统之一：水晶眼洞（Cueva Ojos de Cristal）在山体中延伸了近11千米。

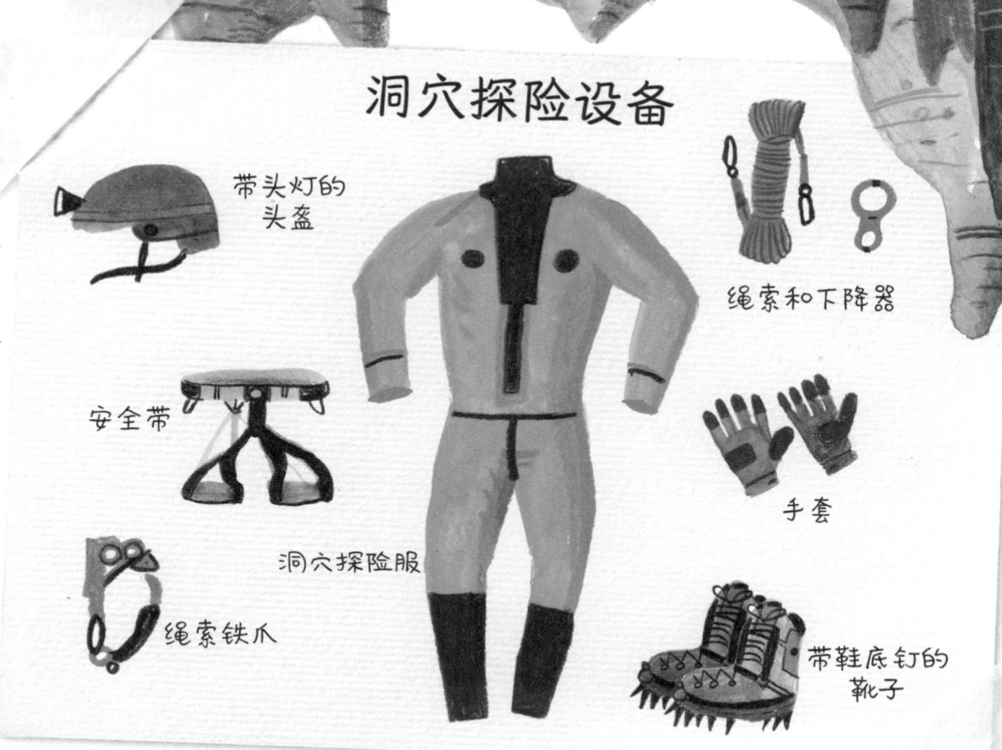

与世隔绝的美景

在形成以来的数百万年中，云雾笼罩的罗赖马山一直与世隔绝，也因此成了许多独特植物和动物的栖息地，包括一种华丽的肉食性苏铁（可以捕捉和消化昆虫的植物），以及不起眼的罗赖马灌木蟾蜍。人们经常可以在岩石表面看到这种蟾蜍，但该物种仅见于罗赖马山和附近另一座平顶山的山顶。

坎贝尔狸藻
(Utricularia campbelliana)
生长在其他树木的树干上

肉食性苏铁

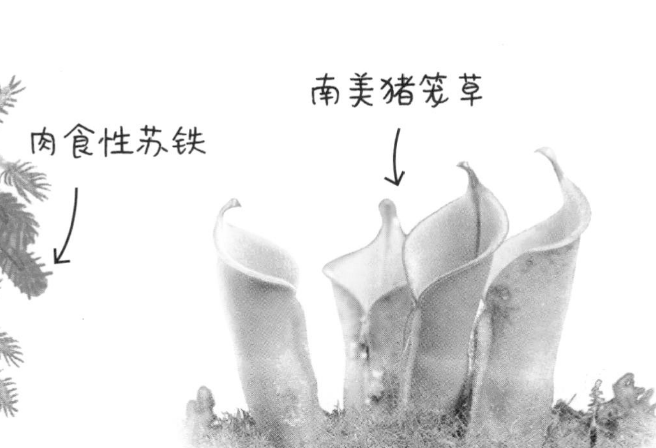
南美猪笼草

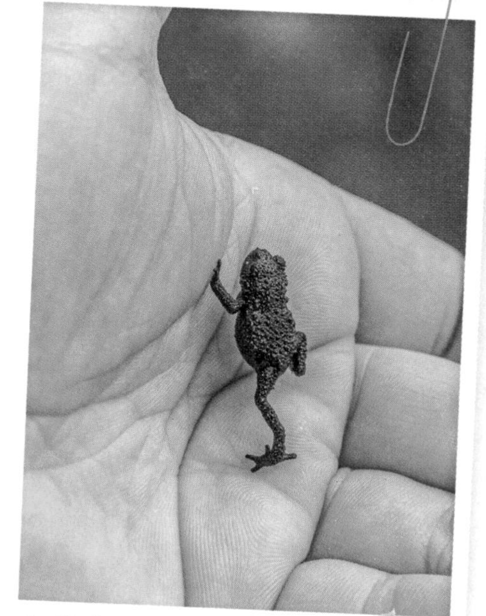
如果受到威胁，罗赖马丛林蟾蜍会蜷缩成一团，落荒“滚”逃。

恩戈罗恩戈罗火山口

巨大的恩戈罗恩戈罗火山口位于坦桑尼亚东非大裂谷中，以马赛族语描述牛铃的声音命名——“ngoro ngoro”。火山口内部现在已经被草原覆盖，是非洲一部分最稀有和最有代表性的动物的家园。

火山口位于恩戈罗恩戈罗高地，比周围的低洼地区更潮湿、更凉爽，属于温暖潮湿且冬季温和的亚热带气候。

火山活动

恩戈罗恩戈罗火山口是世界上最大的破火山口。顾名思义，破火山口是火山崩塌后形成的大坑。科学家推测恩戈罗恩戈罗火山口形成于大约250万年前，是一座大型火山喷发并坍塌的结果，火山口的面积为264平方千米。

生机盎然的火山口内部

火山口内生活着大量的野生动物，包括一些非洲最著名的动物，例如狮子、大象、斑马和角马，还有大约30头极度濒危的黑犀牛——为了防止偷猎，当地甚至为黑犀牛配备了武装警卫。动物们能够在火山口繁衍生息，是因为这里有大量的泉水、小溪和河流，这些水都来自火山口边缘的表面径流。

为什么会出现火山口？

一座火山开始猛烈喷发，喷发的位置就是火山口

火山最初由此前

发的熔岩凝固而

火山在喷发的同时破裂

炽热的液态熔岩离开了岩浆房，岩浆房开始变得空旷。

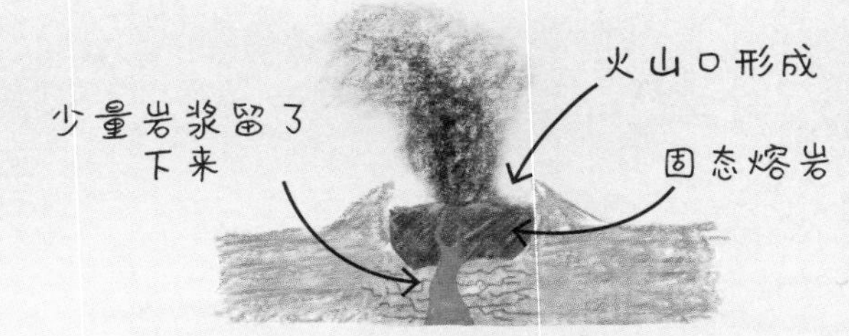

岩浆房排空后，火山失去了岩浆的支撑，整个火山向内坍塌，形成火山口

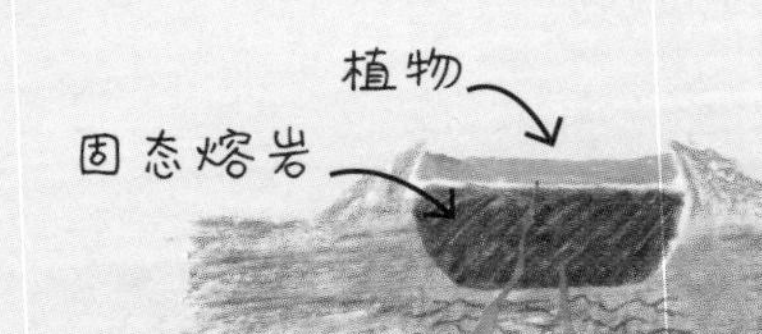

奥杜威峡谷出土并复原的人类祖先的头骨

奥杜威峡谷

距离火山口不远的地方就是奥杜威峡谷——全世界最重要的史前遗址之一。20世纪50年代和60年代，奥杜威峡谷出土了迄今为止最早、可以追溯到数百万年前的人类遗骸，为人类的非洲起源说理论提供了坚实的证据。

马赛族牧民

恩戈罗恩戈罗火山口现已划为自然保护区，但在该地区生活了数百年的马赛族拥有继续在保护区放牧的权利。牛在马赛族的生活和文化中占有非常重要的地位：牛不仅为马赛族人提供肉和奶，还是衡量财富和地位的重要标准。

马赛族喜欢四处迁徙，以寻找最佳的放牧地点。他们居住在很容易建造和重建的木屋中，木屋墙壁以覆盖泥土和牛粪的树枝搭建而成，屋顶则用草铺成。

俄罗斯间歇泉谷

堪察加半岛是俄罗斯东北部伸入海中的陆地。这片偏远的荒野以耸立的火山、湖泊和野生动植物而名，还有著名的间歇泉谷——谷中有世界上最大的间歇泉和温泉群之一。

巨人泉（Velikan）是谷中最大的间歇泉

间歇泉是向外喷射蒸汽和热水的温泉。请参见第44页，了解温泉形成的原因。

喷涌的间歇泉

间歇泉谷位于堪察加半岛最东端的火山群中，长8千米，分布着大约90眼间歇泉，还有热气腾腾的泥盆和温泉。巨人泉是谷中最大的间歇泉，喷射的水柱高达40米。（请参见第43到45页，深入认识间歇泉）

距离间歇泉谷约180千米的科里亚克火山是堪察加半岛众多火山的其中之一，耸立在堪察加彼得罗巴甫洛夫斯克市附近，俯视着这座城市。

堪察加半岛火山

堪察加半岛位于环太平洋火山带地区。环太平洋火山带下方是活跃的地壳板块（一个板块滑动潜伏到另一个板块下方），因此该地区的火山和地震活动十分频繁。堪察加半岛有300多座火山，其中约40座活火山，最高的是几乎从未停止喷发的克柳切夫火山。

间歇泉谷到处都可以见到沸腾的泥浆池，称为泥盆。

红鲑鱼

产卵时，红鲑鱼的颜色会从银蓝色变成红绿色。

堪察加棕熊

这些熊可以到达1吨重，非常善于用爪子捕捉鲑鱼。此外，它们还以浆果以及树上的坚果为食。

虎头海雕

这只海雕通常栖息在高处，发现鱼等猎物时就会俯冲下来，用锋利的爪子捕猎。

河流和湖泊

堪察加半岛分布着数以千计的河流和湖泊，而河流湖泊的水源主要来自降雨和融化的山顶积雪。夏季，大量的红鲑鱼聚集在堪察加半岛的河流和湖泊中产卵，为海雕和棕熊提供了充足的食物。

自然灾害

尽管只能通过直升机前往，但间歇泉谷仍是广受欢迎的旅游景点。不过，在2007年6月，一场巨大的泥石流席卷间歇泉谷，掩埋了许多间歇泉和其他泉。幸运的是，巨人泉没有受到影响，而且谷中的部分地区正在慢慢恢复。

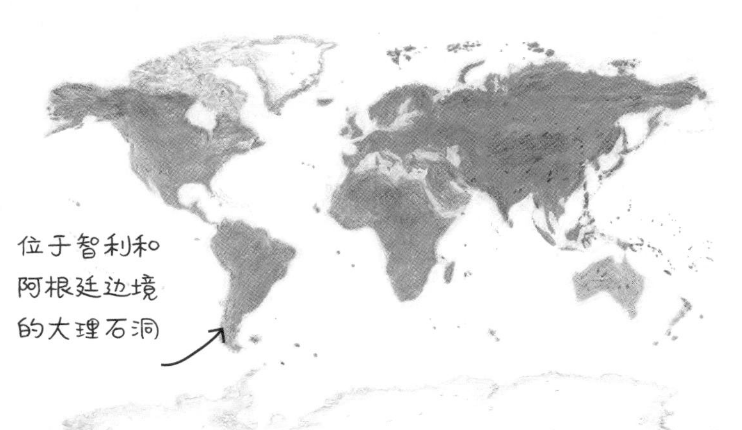

大理石洞

在靠近卡雷拉将军湖（General Carrera）岸边的位置，有一组令人惊叹的天然洞穴——在坚硬的大理石中雕出的美丽洞穴。这些洞穴位于智利和阿根廷边境的偏远地区，洞壁岩石散发着幽幽的蓝色光泽，包括3个主要洞室：小教堂、山洞以及大教堂——最大的洞室。

小教堂和大教堂洞室位于岩岛的根部，名称源于精雕细琢的天花板、类似教堂立柱的石柱和华美的洞壁。

精雕细琢的大理石作品

大理石洞穴是湖水经年累月不断拍打的结果，是精美的大理石雕刻作品。6000多年来，湖水不断侵蚀大理石的裂缝，裂缝慢慢扩张，最终在波浪的冲刷下变成了洞穴。

这些洞穴是湖岸岩石岛屿和突入湖中的半岛被湖水不断侵蚀的结果。

坐船是前往不同洞室的唯一选择。

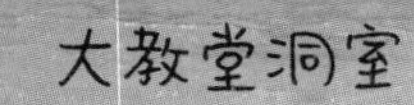

大教堂洞室

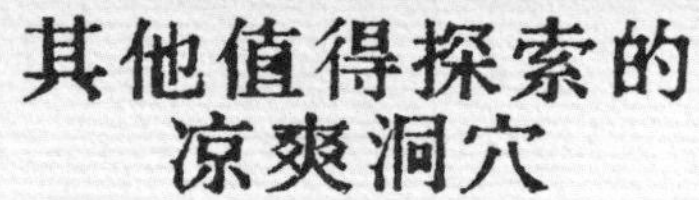

其他值得探索的凉爽洞穴

冰岛斯卡夫塔费尔冰洞

这是冰川中的一个冰洞，最令人叹为观止的是冰洞会随着冰川而移动。斯卡夫塔费尔冰洞由流经冰川表面和下方的融水雕刻而成，而且雕琢至今仍在持续。

相比周围寒冷潮湿的气候，湖上的气温略高，但可能突然刮起大风，聚集厚重的云层并形成降水。

蓝湖

卡雷拉将军湖的面积为1,850平方千米，是南美洲最大的湖泊之一，冰冷、清澈的湖水呈碧蓝色，湖水主要来自周围安第斯山脉的冰川融水。蓝色湖水源于冰川滑动时从岩石磨下的微小颗粒：冰川融水携带着颗粒进入湖中，这些颗粒悬浮在水中，折射射入湖水的阳光，让湖水呈现出了蓝色。

彩色洞穴

大理石洞的墙壁经常可以看到蓝色漩涡。其实，大理石多为浅灰色，但这里的大理石被蓝色湖水的反光映成了蓝色。而且，洞壁的颜色一年四季都各不相同：夏季（9月至2月）最为鲜艳，因为夏季融化的冰雪让湖水水位达到了最高点。

人们乘坐游船或者皮划艇参观洞穴，有时湖面可能掀起汹涌的波涛。参观大理石洞最好在早上出发，因为早晨的风通常比较小。

奥地利埃斯瑞森韦尔特冰洞

在奥地利阿尔卑斯山脉霍赫科格尔山中，藏着世界上最大的冰洞——埃斯瑞森韦尔特冰洞。进入冰洞的最初1000米总是让游客心生恐惧：这里不仅挂满了冰锥，而且通道如同迷宫一样错综复杂。

南极洲埃里伯斯火山冰洞

埃里伯斯火山是南极洲的一座活火山，火山喷出的蒸汽在火山侧面形成了冰洞。这些冰洞靠近地表，顶部只有薄薄的一层冰。

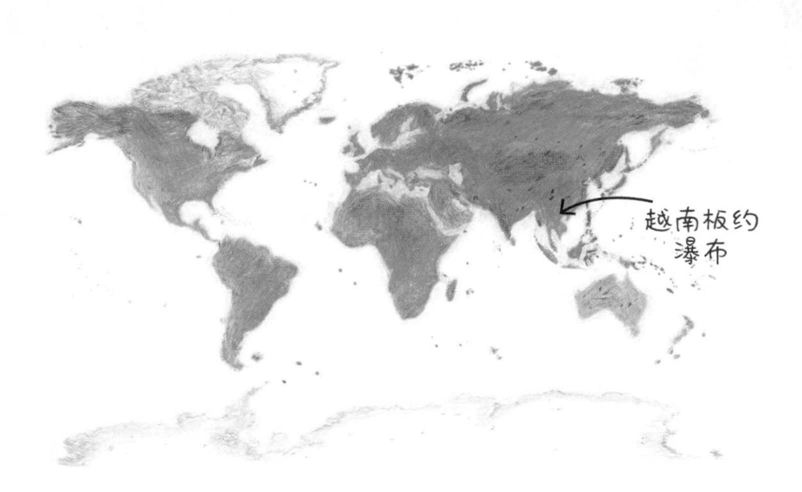

板约瀑布

在中国和越南边境的归春河上，有一个三层跌落的跨国大瀑布，瀑布从石灰岩山峰层层流下，流进了郁郁葱葱的山谷。瀑布的中国一侧称为德天大瀑布，越南一侧称为板约瀑布。大雨过后，瀑布水量猛增，从悬崖坠落，激起雷鸣般的声音。板约瀑布位于高平山水地质公园内，属于湿热的热带气候，一年有两个季节——旱季和雨季

游客乘竹筏接近和观赏瀑布。

坠落的水

板约瀑布是亚洲最大的瀑布，宽约300米，从落差达30米的石灰岩悬崖跌落。当河流流经受侵蚀速度不同的岩石时，就会形成瀑布。底部的柔软岩石更快更容易受到侵蚀，但上面坚硬的岩架得以保留，水从岩架上方流过，形成落差。

精神世界

通灵大峡谷离德天大瀑布不远，位于中国广
境内，而通灵表示“与精神世界相连”。大峡谷
口是一个大洞穴，洞穴里面还有一条咆哮的地下
这个山洞曾是当地土匪的藏身地。

穿过山洞将进入一片茂密的热带雨林，然后是峡谷、悬崖和瀑布组成的封闭世界——通灵大峡谷。

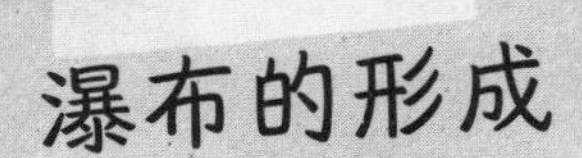

瀑布的形成

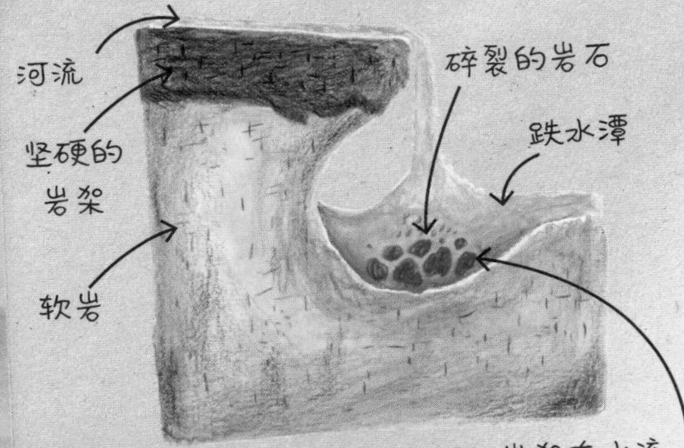

随着时间的推移，部分坚硬的岩架在水流侵蚀和风化作用下瓦解，碎裂的岩石落入瀑布池中。

越南当地农民仍在使用水牛耕种稻田，并准备迎接新一轮收获。

越南青苔蛙喜欢趴在青苔覆盖的岩石上，以隐藏自己，躲避捕食者。

其他非凡的瀑布

菲律宾阿西克阿西克瀑布

2010年之前，菲律宾阿西克阿西克瀑布一直隐藏在雨林之中，不为世人所知。瀑布从悬崖跌落，悬崖同样覆盖着鲜绿色水生植物。

人们生活在河两岸的小村庄里，耕种土地，在平坦的梯田上种植水稻，这些梯田由河水浇灌。

蜿蜒的河流

板约瀑布的水来自美丽的玉蓝色归春河（注：黑水河进入越南境内后称为归春河，后重新进入中国并注入左江）。这条河沿中国和越南边界蜿蜒，两岸有壮观的山脉、绿色的竹林和肥沃的稻田。

岛黛提瀑布

附近冰川供水的冰
黛提瀑布是欧洲流
最大的瀑布之一，
差44米，下方是陡
的峡谷。

乌干达默奇森（卡巴莱）瀑布

乌干达默奇森瀑布位于维多利亚尼罗河上，河水首先挤过了一道狭窄的岩缝，然后冲入深潭，最后流入了艾伯特湖。

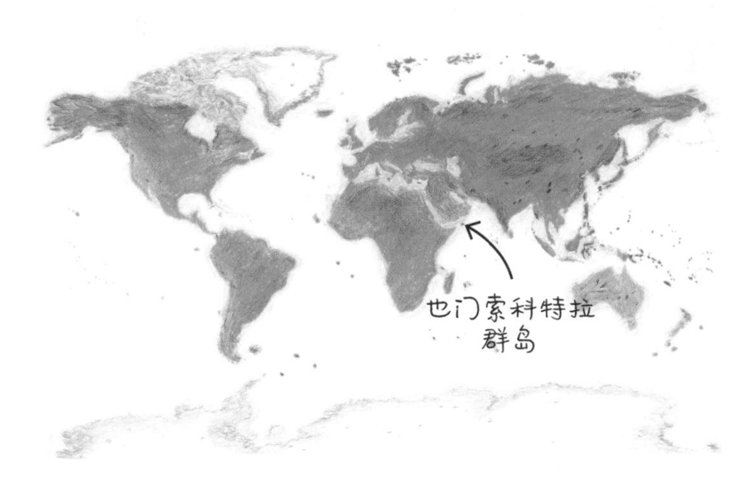

索科特拉群岛

索科特拉群岛位于距离也门海岸350千米的印度洋中，拥有世界上最独特的栖息地，以及部分最稀有的植物和动物。群岛由多座岛屿组成，而索科特拉群岛包括4座岛屿，目前最大的岛屿称为索科特拉岛。

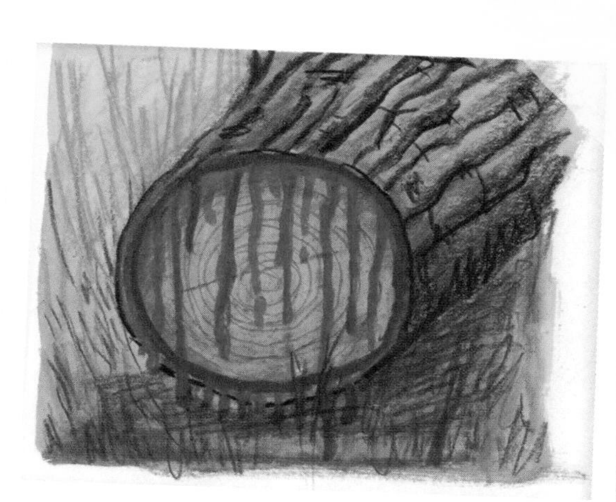

长相怪异的龙血树在索科特拉群岛的所有岛屿上都能见到，十分引人注目，因为鲜红的汁液而得名。

与世隔绝的岛屿

索科特拉群岛曾经是史前超级大陆——冈瓦纳大陆——的一部分，在大约2000万年前同大陆分离，因此岛上的野生动植物在隔离的情况下完成了独立进化，这也是现在索科特拉群岛生活着很多特有植物和动物的原因。群岛的气候恶劣，属于炎热、干燥、多风的沙漠气候，索科特拉岛的地貌包括沿海平原、石灰岩高原和嶙峋的山脉等。

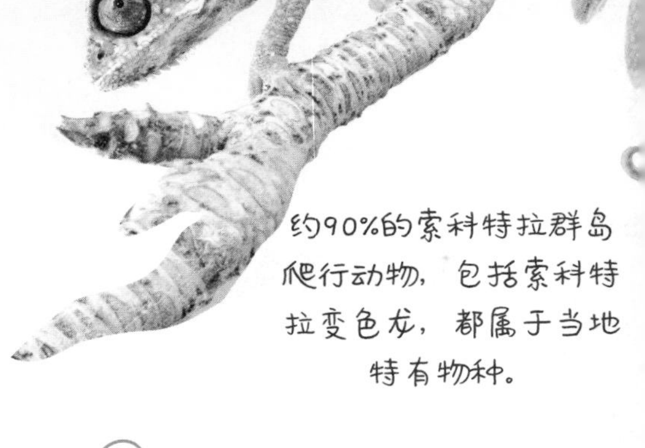

约90%的索科特拉群岛爬行动物，包括索科特拉变色龙，都属于当地特有物种。

索科花蜜鸟是索科特拉群岛特有鸟类，肩部附近有一小簇黄色羽毛。

由于岛上发现了特有野生动植物，索科特拉群岛成了全球最珍贵的生物多样性中心之一。

在索科特拉岛，蜗牛等陆生贝类动物会爬上树，以躲避高温和甲虫等天敌。

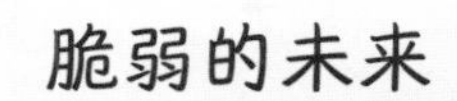

龙血树

脆弱的未来

如今，索科特拉群岛及野生动植物正面临一个不确定的未来，因为这些岛屿受到了也门内战、外来动物（例如山羊）入侵和气候变化的威胁。强力飓风带来的洪水破坏了脆弱的珊瑚礁和岛上的植物，包括龙血树。

霍克山洞的涂鸦：水手们刻在岩石上的姓名，还有一些船只的图画。

霍克山洞艺术

数千年来，索科特拉岛一直是印度、中东地区和非洲间贸易路线上的重要中转站。2001年，一个来自比利时的科学家团队在岛上得到了惊人的发现：在霍克洞穴中，他们发现了水手和贸易商在岩壁留下的数百个简短铭文。霍克洞内的岩石上还有水手们铭刻的姓名，以及部分船只的图画。

龙血树

三分之一的索科特拉群岛植物属于当地特有物种，其中包括著名的龙血树。龙血树能存活1000年，看起来就像岩石坡上长出的奇怪外星植物。

烟雾山

在遥远的加拿大西北部的北极海岸，引人注目的红色条纹的悬崖升起了浓厚的烟雾。这里的岩石已经焖烧了数百年，甚至上千年。但是，什么又导致岩石开始燃烧的呢？

虽然称为烟雾山，但这些山丘实际是悬崖，而悬崖的红色条纹源于岩石中富含铁的矿物质。

燃烧的岩石

19世纪50年代，在寻找早期探险队的幸存者时，北极探险家罗伯特·麦克卢尔从船上看到了烟雾山。他心中希望那些烟雾来自火堆，于是派人登陆前往查看。不过，登陆的队员并没有发现任何生命的迹象，只找到了一些冒烟的石头并带回了船上，其中一块石头甚至把麦克卢尔的木桌烧了一个洞。

烟雾山位置偏僻，直到现在仍然没有修建任何道路，只有乘坐直升机、水上飞机或船只才有可能到达。

那么，岩石如何开始燃烧的呢？

起初，科学家认为悬崖燃烧是火山活动的结果。后来，他们发现悬崖由页岩构成，富含硫磺和煤。随着时间的推移，表层岩石因为风化作用崩裂消失了，硫磺和煤暴露在空气中，并与氧气充分接触，燃点较低的硫磺开始自燃，煤也随之开始燃烧。

多年以来，居住在烟雾山附近的因纽特人一直收集这些岩石作为燃料，距离最近的因纽特定居点（上图）称为“波拉图克”，意思是“产煤的地方”。

酸性环境

烟雾山周围的北极苔原上生活着很多野生动物，但几乎没有野生动物能够在这片悬崖的山坡存活，因为岩石燃烧时释放出了大量的二氧化硫，导致了强酸性的土壤和降水。只有少数几种植物适应了这种酸性环境，包括图中所示的一种极地阔叶草和一种臭草。

这种极地阔叶草能够在酸性土壤中生长。

这种臭草的叶子可以中和（降低酸度）落在身上的酸雨。

北极小丘

小丘是北极苔原上圆锥形的小山丘，是冰冻地面因为地下水抬升的结果。小丘生长非常缓慢，可能需要数百年时间才能达到60米的高度极限。而且，它们可以存续1000年，最终分解和崩溃。

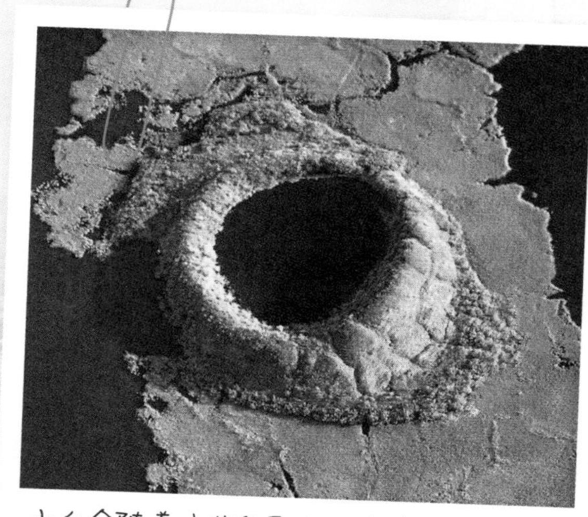

小丘会随着冰芯的融化而崩溃，留下一个小水洼，周围环绕着苔原。

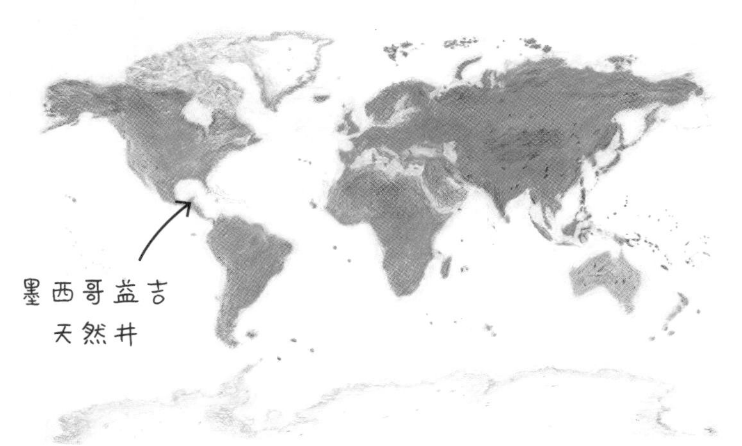

益吉天然井

益吉天然井位于墨西哥尤卡坦半岛，是天然形成的溶洞，而且非常适合游泳：井壁陡峭，井口朝向天空，周围还有掩映的藤蔓和瀑布。“Cenote”是玛雅语，可以粗略地翻译为“天然井”。尤卡坦半岛有数以千计的天然井，大小和形状各不相同。

在玛雅帝国时期，天然井是祭祀玛雅雨神——恰克的地方。

益吉天然井的宽度约为60米。

下沉的感觉

地表石灰岩坍塌形成陷坑，露出地下河，天然井就此形成。天然井的井水非常清澈，因为井水来自层层过滤的地面降水。有些天然井名副其实，井口垂直于地面，也有很多天然井通过地面小孔连通外界。

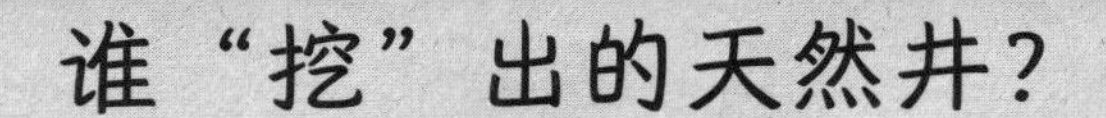

天然井其实是陆地表层软质石灰岩塌陷形成的陷坑。
雨水通过岩石裂缝和缝隙渗入地下河流。
塌陷的原因是地下河流对软质石灰岩的长期侵蚀和分解。
涨潮时，海水也可以经由裂缝进入石灰岩，加快岩石的崩裂和坍塌速度。

神圣的天然井

益吉天然井靠近玛雅古城——奇琴伊察。古玛雅语中，“ik kil”表示“风之所”。天然井不仅是古玛雅人重要的水源，也是通向地下世界的神圣入口。在益吉天然井中，人们发现了人骨和珠宝——这些都是献给雨神恰克的祭品。

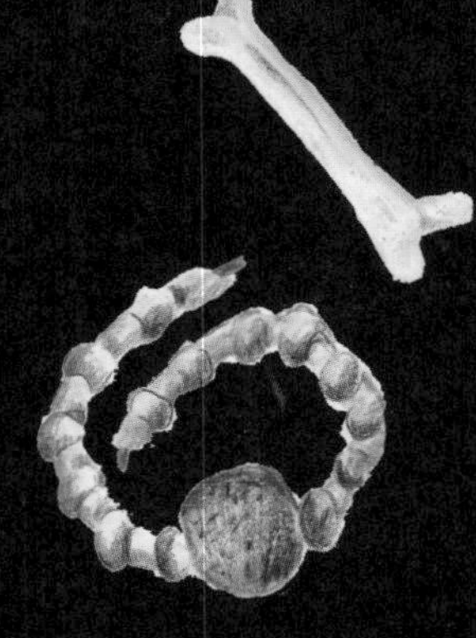

活人献祭或许是古玛雅仪式的重要内容。

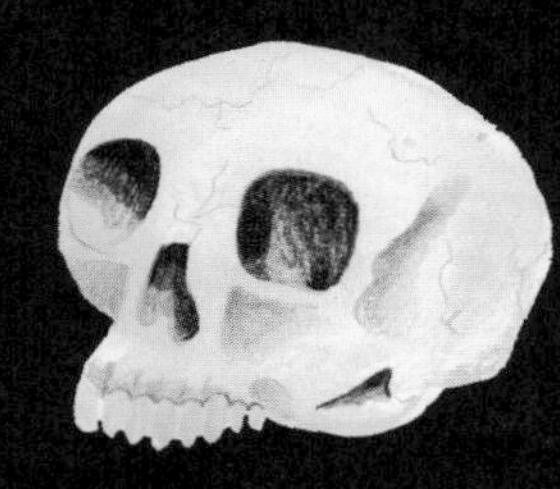

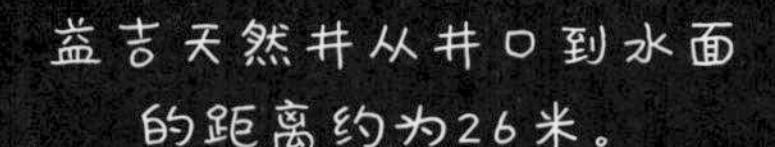

益吉天然井从井口到水面的距离约为26米。

安逸的栖息地

尤卡坦半岛属于炎热的热带气候，一年分为旱季和潮湿的雨季，海岸线通常微风习习。茂密的雨林为许多鸟类和猴子提供了家园，

翠鴗

天然井周围生活着很多美丽的鸟类，包括巨嘴鸟、鹦鹉和翠鴗。

游客可以在益吉天然井与鲶鱼一起游泳，潜水欣赏壮观的水下世界，或者探索长满石钟乳和石笋的洞穴。

美洲豹神洞

2019年，在附近的玛雅古城——奇琴伊察，考古学家在遗址下方再次有了惊人的发现：一个称为Balamku或“美洲豹神”的秘密洞穴网络。花费了数小时，钻过无尽的狭小隧道，考古学家发现了一个宝库，找到了150多件曾大约在1000年前玛雅祭奠仪式中使用过的物品。

由于年代久远，有些物品的周围已经长出了石笋。了解更多关于石笋和石钟乳的信息，请参见第60到61页。

美洲豹神洞发现的部分玛雅祭祀物品

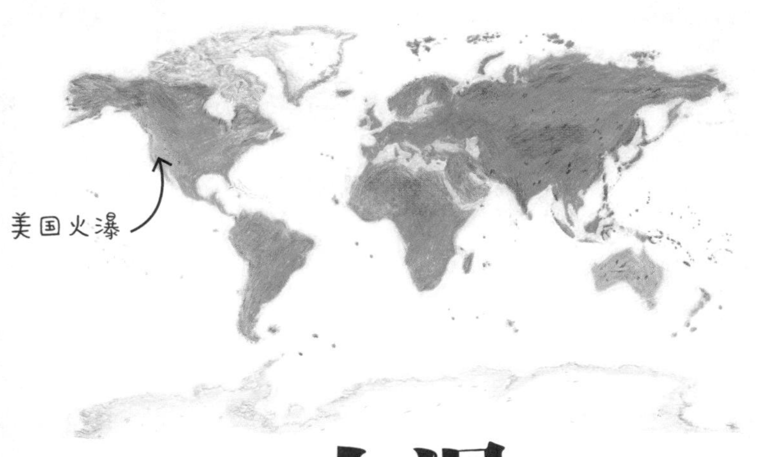

火瀑

每年2月，如果条件合适，美国加利福尼亚州约塞米蒂国家公园的马尾瀑布就会变身飞天流火的火瀑。不过，名声在外的火瀑场景只有日落时分才会短暂出现：水流从巨大的花岗岩——埃尔卡皮坦（酋长岩）——侧面跌下，在落日的余晖中变成了液态的火。

像约塞米蒂国家公园的许多瀑布一样，马尾瀑布存在的时间有限，只在冬季和早春出现，因为瀑布的水源自融化的冰雪。

马尾瀑布从酋长岩落下，酋长岩是约塞米蒂国家公园著名的花岗岩之一：高约900米，是约100万年前冰川雕刻的作品。不过，这块花岗岩的某些部分正在慢慢断裂。

雄伟的约塞米蒂国家公园

马尾瀑布是约塞米蒂国家公园数百个瀑布之一。这个公园占地近3100平方千米，属于加利福尼亚州内华达山脉。除了瀑布之外，约塞米蒂国家公园同样以巨树、深谷和高大的花岗岩而闻名，属于夏季温暖干燥、冬季潮湿多雪的地中海式气候。

游客可以在约塞米蒂国家公园徒步，或攀登到酋长岩的顶端。亚历克斯·霍诺德（Alex Honnold）甚至在没有借助绳索或任何安全装备的情况下成功登顶酋长岩！

夕阳的余晖映红了瀑布

流火的马尾瀑布

在2月份仅有的几天里，马尾瀑布会呈现截然不同的景象。日落时分，在太阳余晖的映照下，马尾瀑布将化身橙色的“火瀑”。不过，火瀑只能持续“燃烧”约10分钟，而且需要严格的条件：晴朗的天空和大量的冰雪融水。

从瀑布到火瀑

在夕阳的照射下，瀑布染上了一层橙色（箭头显示了阳光的方向）。不过，这种场景只能在2月份有限的几天里才有可能出现。

里本瀑布（缎带瀑布）

酋长岩的另一侧是里本瀑布（也称缎带瀑布），据说是美国落差最大的单跌瀑布。春天，里本瀑布从491米的岩壁落下。不过，里本瀑布同样由融化的冰雪供水，因此会在夏天干涸。

约塞米蒂国家公园同样以高大的红杉树而闻名，其中有些可能已经生长了超过3000年。公园里还生活着400多种动物。

红杉

山猫

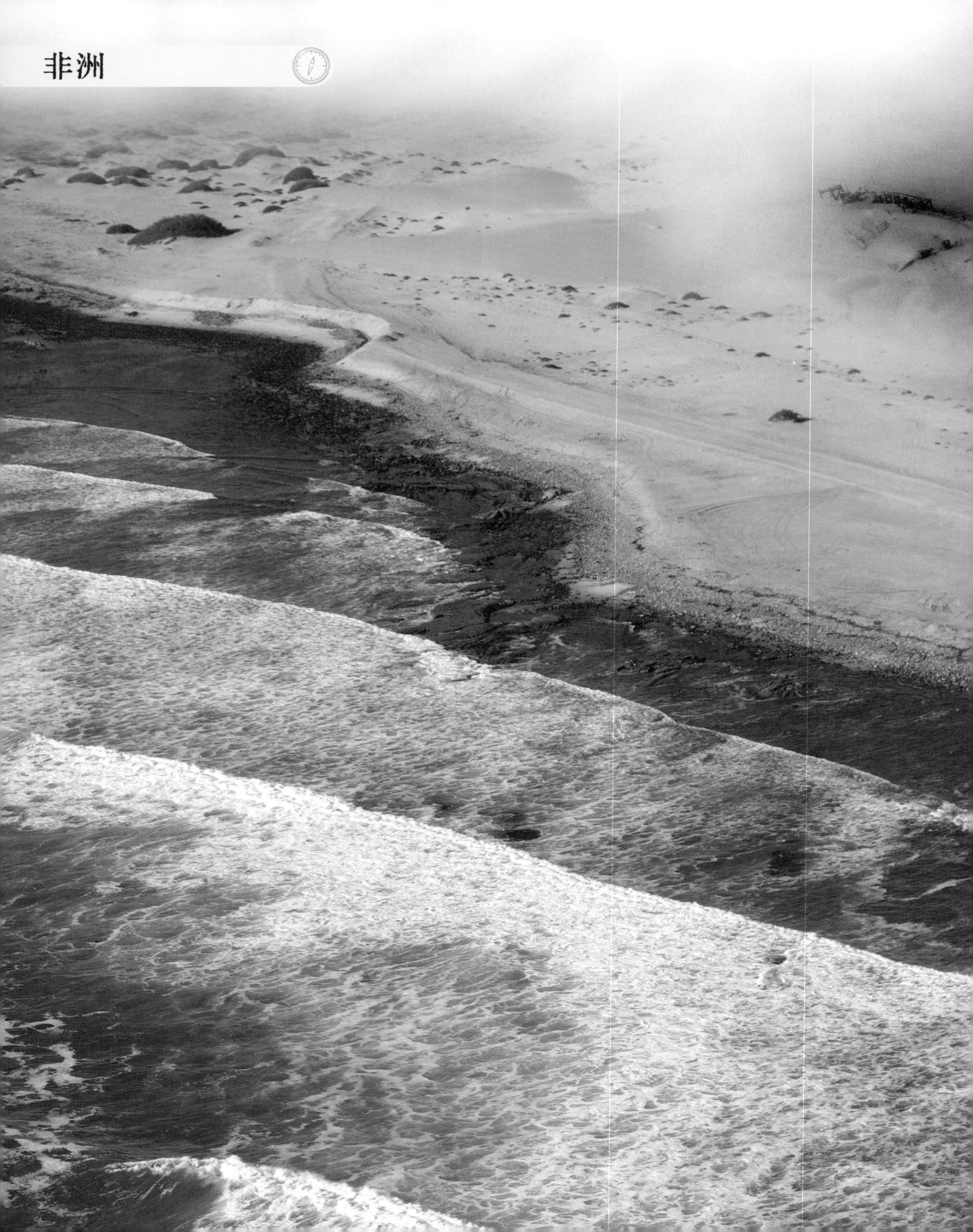

骷髅海岸

纳米比亚骷髅海岸长500多千米，景色壮观，但也十分危险。过去很长一段时间，骷髅海岸一直是无数动物和船只的墓地，而骷髅海岸的名称源于海岸散落的鲸鱼和海豹骨骼，在这些动物遭受大规模捕杀的时期，骷髅海岸经常堆满了骨头。不过，这个名字也表示那些幽灵般的沉船。

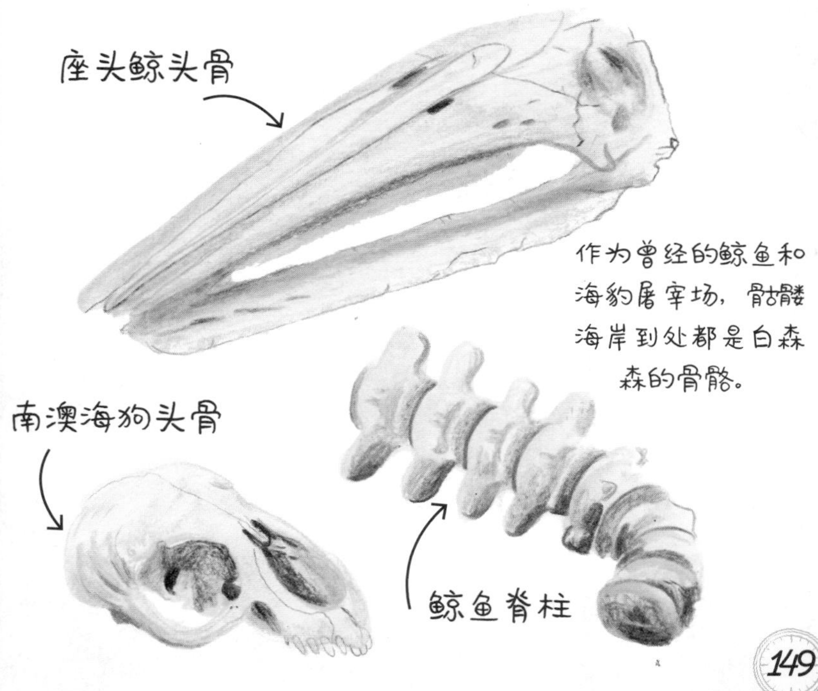

沙漠与海洋的相遇

纳米比亚骷髅海岸位于大西洋和纳米布沙漠之间，是一个巨浪滔天、强风吹拂、常年被滚滚浓雾笼罩的地方。雾气弥漫是寒冷洋流带来的低温空气与炎热的沙漠空气相遇的结果。在这片多风少雨的沙漠里，雾气带来了宝贵的淡水供应。

骷髅海岸是大海与沙丘之间的唯一间隔，雾气从海洋滚滚而来，覆盖了整片沙漠。

为什么会出现雾？

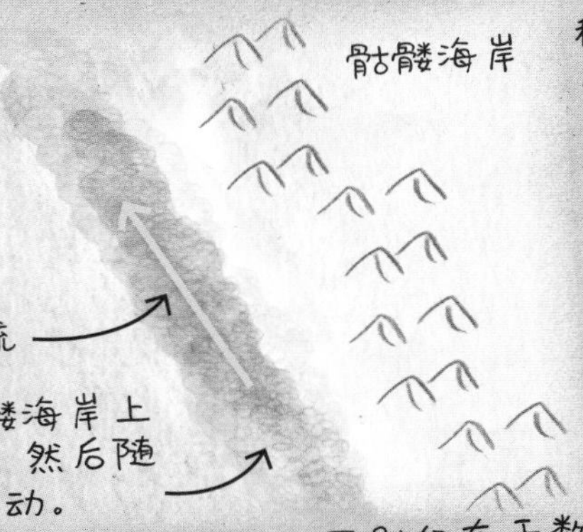
骷髅海岸
凉爽的空气为燥热的沙漠空气降温。
本格拉寒流
雾在骷髅海岸上空出现，然后随风涌动。
称为本格拉寒流的洋流为酷热沙漠带来了一丝清凉。

所有的空气都含有水蒸气（区别仅在于数量）。沙漠空气的温度降低，水蒸气凝结成微小的水滴，雾就出现了。

沉船
鲸鱼的脊椎骨

骨骼与沉船

除了散落的鲸鱼和海豹骨骼外，浓雾、暴风雨和无法预测的海流也导致了数百艘船只在骷髅海岸遭遇厄运。有些沉船被掩埋在黄沙下方，有些已经腐烂，但在海岸边仍然可以看到很多令人不安的沉船残骸——从15世纪的葡萄牙木船到现代的钢铁渔船和货船都能见到。

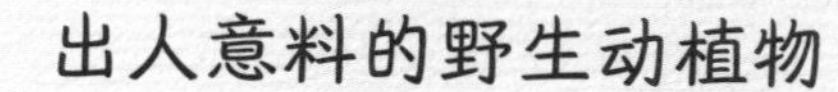

出人意料的野生动植物

尽管环境恶劣，但骷髅海岸周围仍生活着许多动物，包括狮子（猎杀捻角羚和海豹为食）、鬣狗和豺，有时还可以看到在海岸踩水踏浪的大象。同样，沙漠里也有植物生存，例如从雾气中获取淡水的生石花。

鬣狗

捻角羚（羚羊的一种）

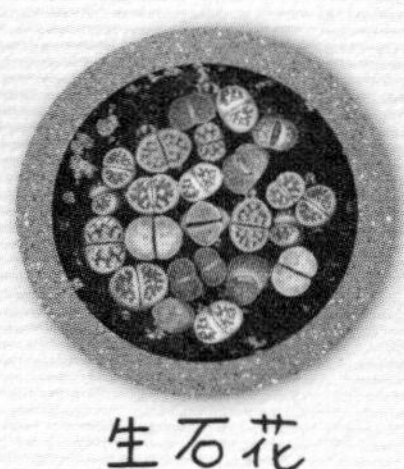

生石花

生石花，即“石头草”，外形类似石块，出色的伪装是为了避免被吃掉。

南澳海狗

非洲象

豺

骷髅海岸附近的海水含有大量的浮游生物和鱼类，是该栖息地食物链至关重要的环节。鱼类是沃尔维斯湾（位于骷髅海岸一端）南澳海狗的食物。

沉船（达尼丁之星号）

1942年，英国货船“达尼丁之星”号（MV Dunedin Star）在骷髅海岸搁浅，并被困于此。

因为清理的难度很大，这些沉船的残骸仍然留在骷髅海岸。不过，当地政府最近正在清理沉船残骸，以帮助保持海岸的清洁和安全。

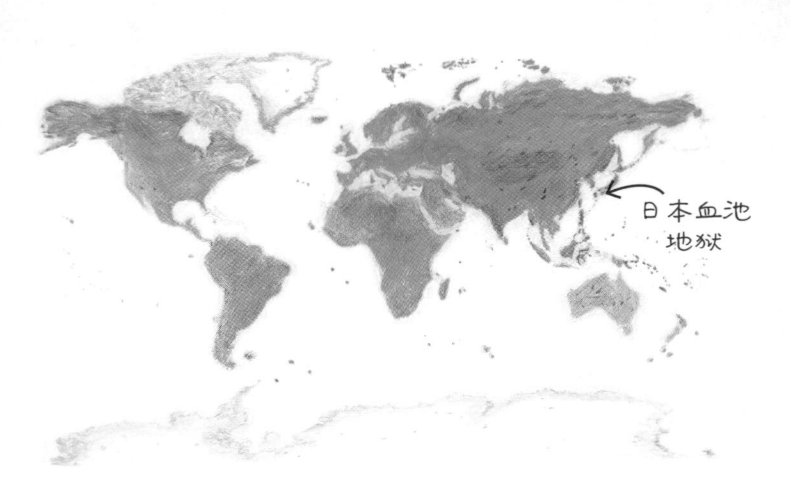

血池地狱

血池地狱其实是日本别府市一个烟雾氤氲的温泉群，之所以得名“血池地狱”是因为鲜红而滚烫的温泉水。这里的泉水太烫了，无法游泳或者洗澡，水温达到了约78摄氏度——差不多是洗澡水的两倍。但血池地狱的景观确实十分壮观。

泉水鲜艳的红色源于土壤中的氧化铁。

泉水之城

日语中的温泉是“onsen”，而日本全国各地分布着数以千计的温泉，因为日本位于环太平洋火山带上，境内有许多活火山。日本别府市的温泉数量多达约3000眼，每天涌出的热水量到了13万吨以上，是名副其实的泉城。请参见第47到49页和第161到163页，了解更多关于温泉的信息；请参见第122页，了解环太平洋火山带。

虽然血池地狱不适合洗澡，但别府市还有许多其他温泉可以选择。在适宜的泉水泡澡可以保养皮肤，据称温泉的泥浆也对皮肤有好处。

地狱景象

日本别府有8个被称为地狱的温泉。除了血池地狱之外，另一个最奇特的当属Umi Jigoku（海洋地狱）。海洋地狱拥有非常鲜艳的蓝色泉水，颜色可能来自水中称为硫酸铁的物质（一种含铁的盐）。

海洋地狱

保持温暖

在地狱谷野猿公园，游客经常可以看到在温泉中泡澡的日本猕猴——它们也会选择安全的温泉。长期以来，科学家们认为泡温泉是猕猴应对日本严寒冬季的一种方法，甚至有可能帮助它们缓解压力。

本猕猴也称为雪猴，们的身体覆盖着厚厚皮毛，能够适应低至下20摄氏度的温度。

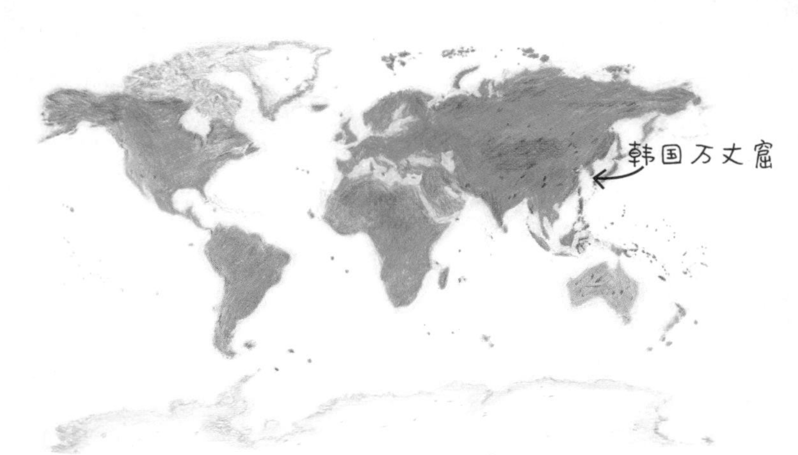

万丈窟

大约200万年前，一次大规模的火山喷发造就了现在的韩国济州岛，而且直到现在全岛仍然遍布火山喷发的证据。除了主火山之外，济州岛还有大约360座较小的火山锥和超过160条熔岩管，包括亚洲最长的熔岩管——万丈窟。

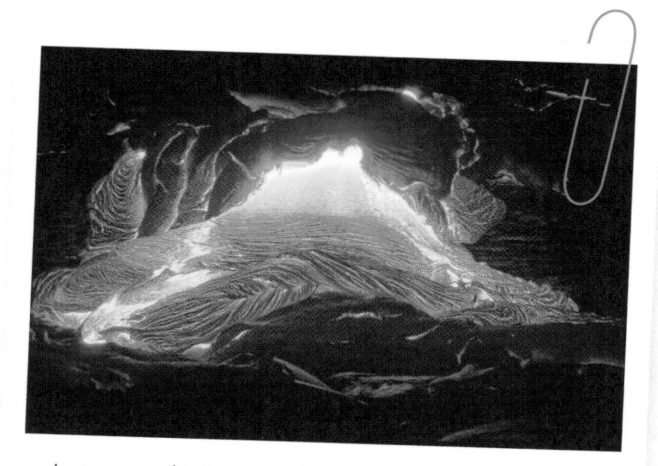

与200万年前济州岛的万丈窟类似，在当今世界火山仍然活跃的地区，炽热的熔岩流过固态的围岩就会形成隧道洞窟。

熔岩留下的特征

万丈窟在地下蜿蜒了超过13千米，近乎圆管的洞窟好像蠕虫挖掘的洞穴，而且洞内还有熔岩冷却时留下的特征，包括石钟乳、石笋和一根将近8米高的柱子。

高大的石柱由洞窟顶孔流下的热熔岩凝固而成：熔岩不断滴落凝固，柱子慢慢增高。

流入熔岩管底部洞口的熔岩硬化，形成了称为象脚的岩浆岩块。

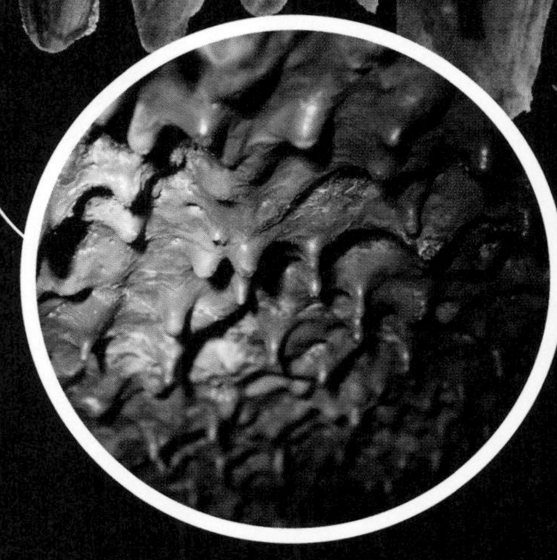

随着更多热熔岩流入熔岩管，天花板熔化形成石钟乳。没有滴落的天花板熔岩硬化变成了石钟乳。

石钟乳是从天花板垂下的岩石构造，在很多洞穴中都可以见到，包括熔岩洞和溶洞。请参见第60到61页，了解另一类洞穴中因为雨水形成的石钟乳。

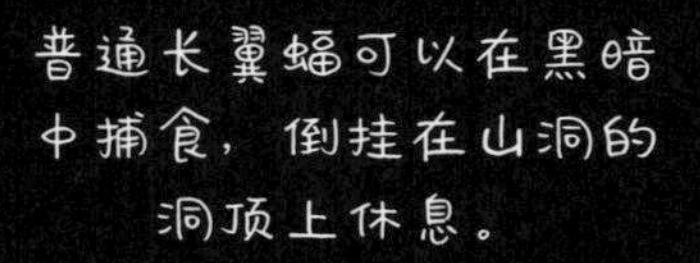

普通长翼蝠可以在黑暗中捕食，倒挂在山洞的洞顶上休息。

洞穴生物

有些动物完全适应了万丈窟潮湿且寒冷的黑暗环境，包括大约3万只普通长翼蝠。蝙蝠利用回声定位在黑暗中导航——自己发出声音，然后接收遇到物体反弹的回声，通过计算回声以及回声返回需要的时间来确定物体及其位置。而且，蝙蝠的排泄物可以成为其他动物的食物，例如最近发现的济州岛洞穴蜘蛛。

熔岩管的形成过程

熔岩管是一条隧道，是液态熔岩缓慢流过硬化表层熔岩形成的结构。火山喷发结束时，熔岩停止流动，任何剩余的液态熔岩都被排出，留下管形的洞窟。

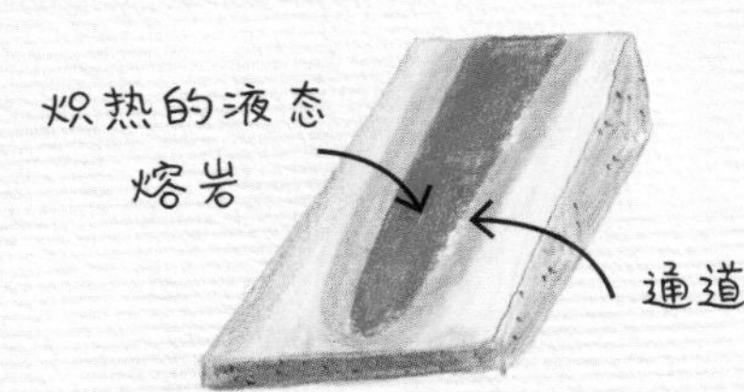

1.液态熔岩从喷发的火山流出，在地面形成类似图示的熔岩通道。

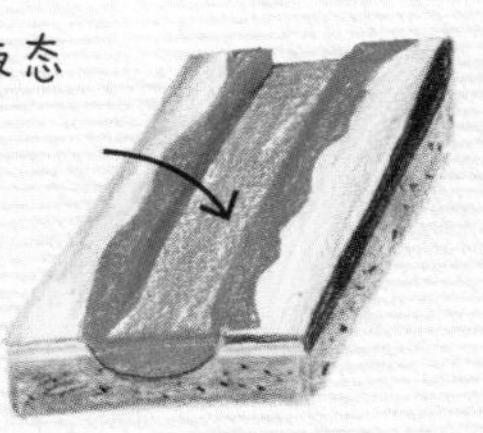

2.更多液态熔岩流动，在现有热熔岩上方堆积，形成温度不同的分层，扩展通道。

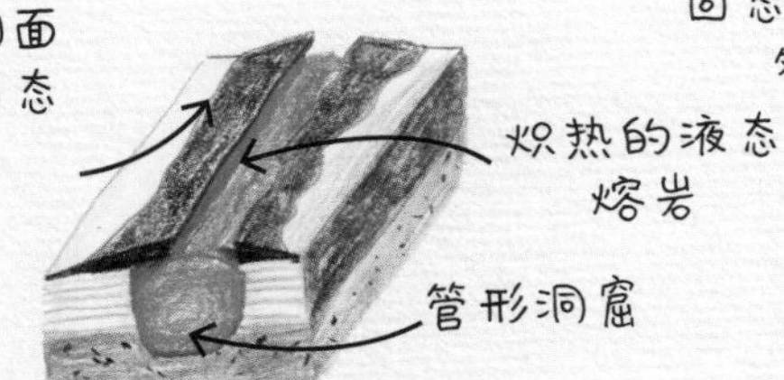

3.表层和侧面的熔岩冷却变硬。更多炽热的熔岩涌出并堆积，不断熔化地面向下“挖掘”，形成了管形洞窟。

4.外层熔岩持续冷却凝固，形成地表的管形洞窟。

5.火山结束喷发。熔岩停止流动，液态熔岩流走，留下了一个空心的管道。

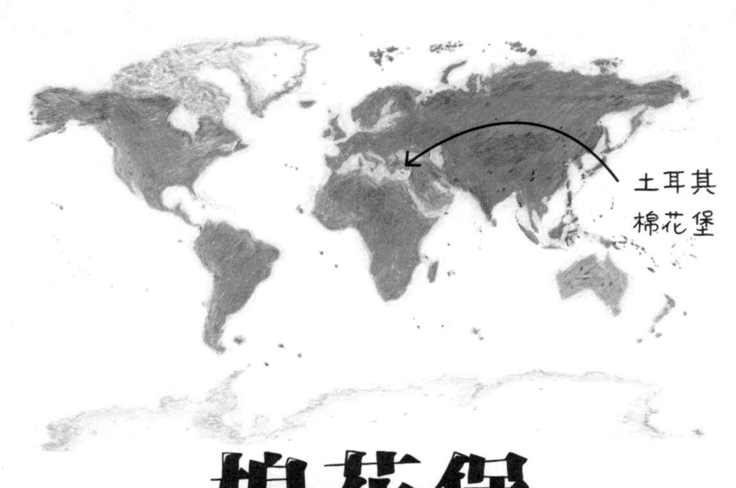

棉花堡

棉花堡位于土耳其西南部，是曼德勒斯河谷一处壮观的自然景观。“Pamukkale”在土耳其语中的意思是“棉花堡”，棉花堡看起来也名副其实：亮白色梯田盆地，衬托着暖绿色水池，层层叠叠占满了河谷陡峭的斜坡。

这些梯田盆地由石灰石沉积物长期堆积而成，而石灰岩来自沿河谷侧壁流淌的泉水。

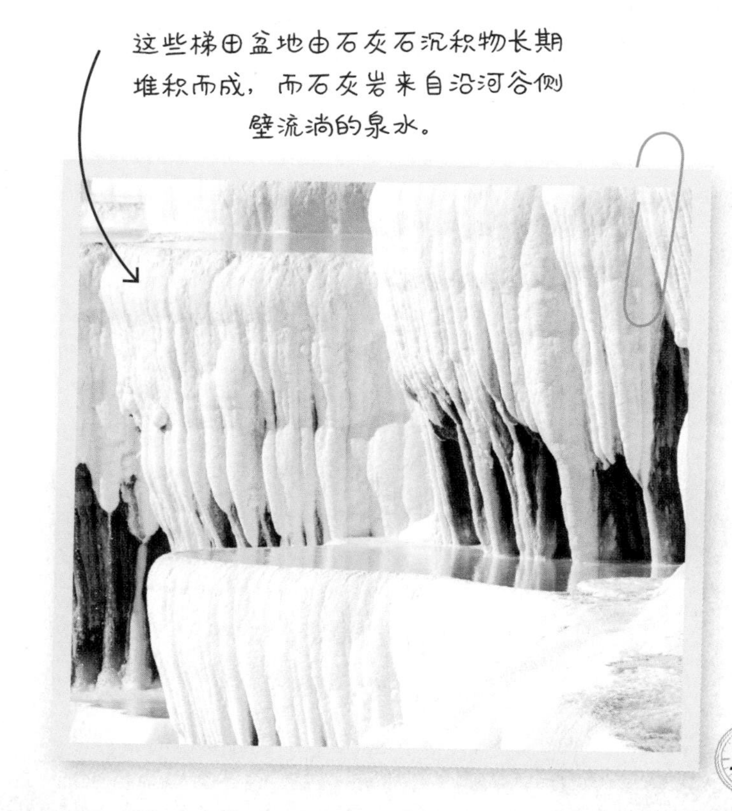

石灰华阶地

棉花堡的白色阶地由一种特殊的石灰岩构成，称为石灰华。富含矿物质的热泉水涌出地表，然后沿棉花堡的山坡流下，沉积出碳酸钙，碳酸钙结晶成为石灰华。（请参见第47到49页和第153到155页，深入了解温泉）。

石灰华常见于温泉，但溪流、瀑布附近的冷泉中也能形成这种物质。

有些石灰华堆积结构看起来类似凝固的白色瀑布。

更多石灰华阶地

中国黄龙沟

中国四川省黄龙沟景区以雪山和茂密森林之间蜿蜒的石灰华阶地而闻名。

石灰华阶地的形成过程

热水聚成一个水池。

水池中的水沿斜坡层层流下。

水中的碳酸钙结晶成石灰华。

着时间的推移，灰华形成形似阶梯的阶地。

较老的温泉可能被堵塞

（含碳酸钙的）温泉水涌出。

闪亮的白色石灰华

棉花堡的水池

棉花堡阶地从山谷一侧接近200米高的位置开始，一直排列到谷底。阶地中还有17个温泉水聚集而成的水池，水温从温暖的35摄氏度到滚烫的100摄氏度。

温泉水

自古以来，棉花堡的温泉水就因出色的疗效而备受追捧。在阶地上方是古希腊-古罗马城市希拉波利斯（Hierapolis）的遗址，以及3000多年前古埃及艳后可能曾经用过的水池。现在，棉花堡的大部分天然水池都禁止游客进入，目的是防止大量游客导致的破坏。

在获准进入的古水池中，游客可以看到很久以前因为地震倒塌的石柱。

棉花堡属于地中海式气候，夏季炎热干燥，冬季温和，非常适合泡温泉。

美国猛犸象温泉

在美国黄石国家公园的猛犸象温泉，游客可以欣赏到沉积了数千年的石灰华阶地。

伊朗巴达布苏尔特

位于伊朗北部马赞达兰省的巴达布苏尔特（Badab-e Surt）石灰华阶地呈铁锈色，因为其中一个温泉的泉水中含铁。

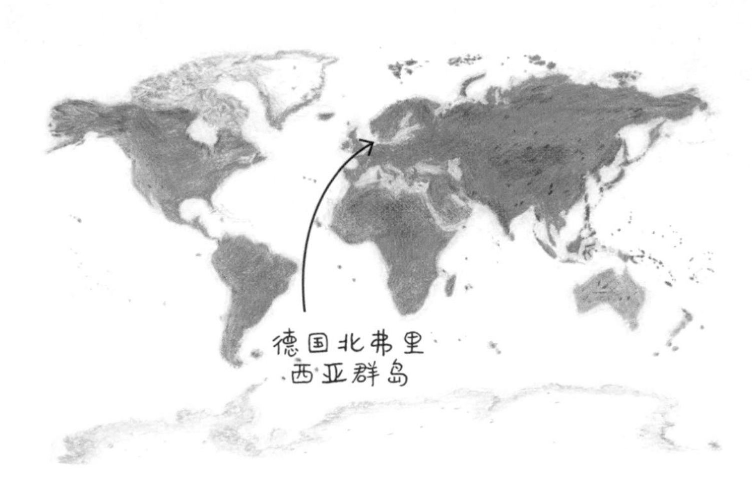

北弗里西亚群岛

在德国北部的瓦登海，有多座被风暴破坏的岛屿，称为北弗里西亚群岛。数个世纪以来，岛上一直有人居住，以捕鱼和耕作为生。现在，游客纷纷登岛，参观茅草村、沙丘和泥滩，观赏海鸟和海豹。

当潮水退去，绿草茵茵的岛屿周围会露出大片泥泞的土地。

不断变化的岛屿

北弗里西亚群岛属于岛群，由多座岛屿组成，包括4座较大的岛屿——叙尔特岛、弗尔岛、阿姆鲁姆岛和佩尔沃姆岛，以及10座小岛。这些岛屿是大陆或较大岛屿的遗迹，受数百年海浪和风暴侵蚀后变成了现在的样子。而且，这些岛屿目前仍在改变形状。北弗里西亚群岛属于海洋性气候：夏季温和，冬季凉爽。

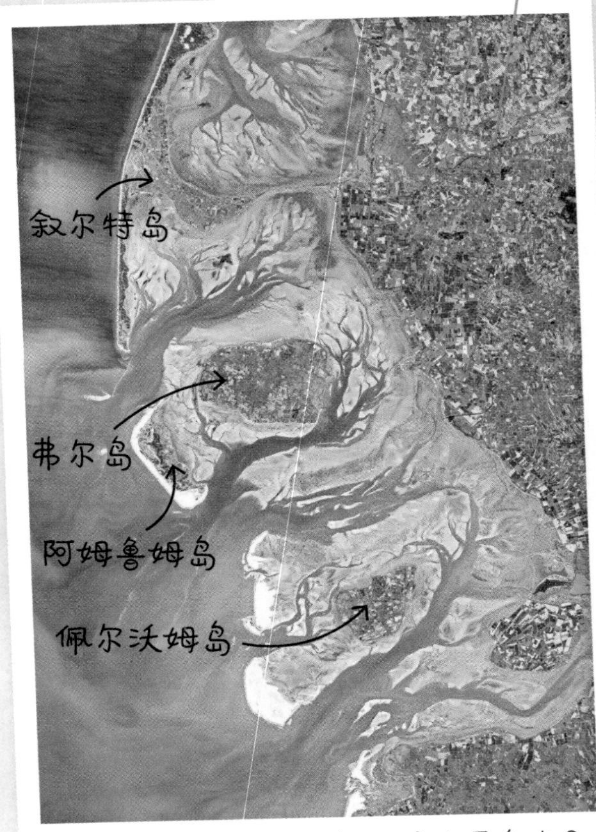

瓦登海北弗里西亚群岛的4座主要岛屿是叙尔特岛、弗尔岛、阿姆鲁姆岛和佩尔沃姆岛，叙尔特岛通过堤坝与大陆连接。

神奇的泥滩

每天两次，潮水退去后，岛屿周围会露出大片的泥土，称为泥滩，也称为潮汐滩。退潮时，通过泥地就可以跨岛“旅行”。北弗里西亚群岛拥有世界上最大的泥滩。潮水上涨之后，泥滩会再次被海水淹没。不过，生活岛上的植物和动物已经适应了不断变化的环境。

面临威胁

与世界上许多岛屿一样，北弗里西亚群岛正面临气候变化的威胁。由于风暴潮和海平面升高，沿海地区的沙子被大量冲走，岛屿可能最终消失。现在，岛屿周围许多地方已经安装了海岸防护装置，包括水坝和水泵，以帮助防止洪水。

北弗里西亚群岛

群岛的野生动植物

从泥滩和潮溪到沙丘和盐沼，北弗里西亚群岛形成了繁荣的栖息地，生活着很多奇特的野生动植物：鼠海豚和海豹在近海游泳，迁徙的鸟类在泥滩停留觅食，泥土中栖息着蚯蚓、螃蟹和比目鱼。

浪冲上
岸，卷
沙子和
块。

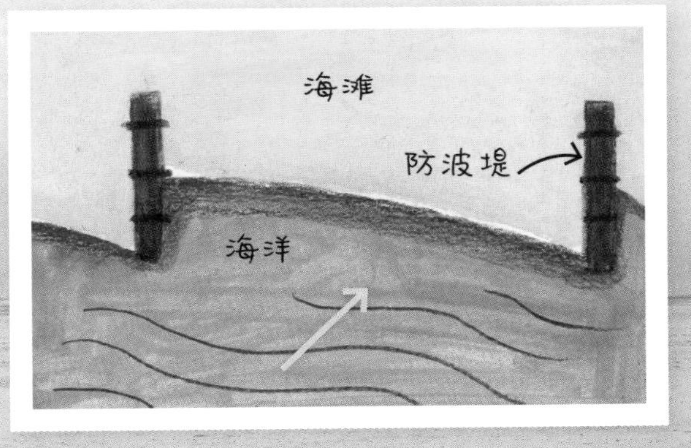

然后，海浪冲流将沙子和石块推到距离海岸更远的位置，防波堤可以阻止沙子和石块被海浪挪动位置。

海浪推着砂石沿蓝色箭头指示的方向移动。

沿岸漂砂

沿岸漂砂一直在改变着北弗里西亚群岛的海岸线形状。沿岸漂砂，表示海浪沿海岸推动沙子和石头，这些材料首先被回流（返海的海浪）从海滩卷走，然后被冲流（入海的海浪）带回来，形成新的海滩。

在这张佩尔沃姆岛的图片中，我们可以看到防波堤——防护海岸线的低墙，用于阻止沿岸漂砂对海岸的侵蚀。

术语表

半岛
从大陆探入海洋或湖泊的一块狭长陆地。

冰川
陆地表面缓慢移动的大块冰，由山坡或两极附近紧密堆积的冰雪构成；由于重力的原因，冰川通常会顺着山势或地势缓慢地向下移动。

冰川融水
冰川部分融化形成的水流。

冰河时期
以往气候非常寒冷、冰雪覆盖地球大部分地区的时期，地球曾经历过数次冰河时期。

冰架
漂浮在海面的巨大冰块，与陆地冰块（冰川或冰原）相连，冰架的冰来自冰川或冰原。

冰原
覆盖整片陆地的巨大的冰川。

波长
波峰（高点）之间的距离，光和声音都有波长。

不透水（气）的
描述物质不允许气体或液体通过的特性。

超大陆
史前时期所有陆地组成的巨大单块陆地。

大陆地壳
支撑大陆的地壳。

大气层
包裹地球的气体层，厚度达约1000千米。

大洋地壳
海洋中被海水覆盖的海底地壳，比大陆地壳薄。

地热
用于描述与地球内部热量相关的事物。

地下水
隐藏在土壤、岩石或沙中没有露出地表的水源。

地质公园
具有突出地质价值的景观，以及当地社区；设立地质公园的地区通常制定了行动计划，用于帮助当地居民了解并合理发展所在地区，同时加强环境保护。

地质学
研究构成地球的岩石以及岩石物理结构和历史的学科，研究地质学的科学家称为地质学家。

洞穴
由地下水形成的大而深的洞穴，或洞穴中巨大的洞室。

反射
物体表面不吸收光而是将光线全部反弹的现象。

风化作用
岩石的物理或化学分解，引发风化的原因包括温度、雨水、冰和植物变化等。

浮游植物
漂浮在海洋、河流或湖泊表面附近的微小植物，是许多海洋生物的食物。

干旱
持续少雨或没有降雨的很长一段时间。

干旱的
干燥的，表示很少或从不下雨的地方。

冈瓦纳大陆
约5.5亿至1.8亿年前地球上曾存在的超级大陆。

高原
高于周围地形的大面积平坦土地。

构造板块
组成地球地壳的巨大岩块。

灌溉
将水引入田地和农田，满足植物和农作物生长需求的过程。

海平面
海面的高度。

花岗岩
一种质地非常坚硬的灰色、粉红色或黑色岩石，主要由石英构成。

火山口/陨石坑
火山顶部的碗形大坑，或者大型天体撞击地面产生的碗形大坑。

几何
描述规则形状或线条组成的图案或形状，例如方格纹、正方形或立方体。

季风/雨季
亚洲南部国家季风和大雨同时出现的季节。

甲烷
一种没有颜色或气味的气
是导致气候变化和全球变暖的
之一（全球变暖表示因为大气
体变化引发的地球温度升高）。

晶体
形成几何形状（规则形
的固态天然材料，岩石中也可
成晶体。

径流
在土地表面流动而没有
的水流。

矿物
地下形成的固态化学物
大多数岩石都由矿物构成。

裂谷
地壳运动形成的山谷，
的侧壁十分陡峭。

落水洞/天坑/天然井
地面出现的大坑/洞，由
或土壤被水侵蚀而成。

木薯
南美植物，有粗大的根
可以种植以获取食物和制作面

片麻岩
含有矿物层的岩石类型，
如石英。

气候变化
地球气候的变化，特别
气层中二氧化碳和其他气体含
加引发的温度升高。

侵蚀
风、冰或流水（或组合）
步磨蚀岩石和土壤的行为；任
动的水都能侵蚀岩石和土壤，
雨水、海水、河水或湖水。

侵蚀
岩石和土壤被风、冰或
（或组合）磨蚀的过程；任何
的水都能侵蚀岩石和土壤，包
水、海水、河水或湖水。

岛

一群或一串岛屿，群岛的岛
常较小。

带

位于赤道两侧的地理区域，
地区常年高温，温度变化范围
小，一年通常只有两个季
一湿季和干季。

岩

由于火山活动，从地球内部
地表的炽热液态岩石。

素

让事物呈现特定颜色的物质。

漠

通常指被沙粒或碎石覆盖的地
降雨量极少，植物也十分稀少。

岩

主要由沙粒组成的一类岩石。

洪爆发

异常大雨引发的突然的、快
动的洪水。

礁

由热带浅海小动物（称为珊
建造的岩石山脊。

多样性

描述特定地点或全球植物和
种类的多少。

岩

白色或浅灰色的一类岩石，
作建筑材料。

一种坚硬、透明的矿物。

砂岩

主要由石英构成的砂岩。

表示很久之前、出现文字记
前一个历史时期。

碳酸钙

以矿物形式存在的白色粉末，即方解石，它存在于石灰石、白垩和大理石等岩石中。

微观

表示小到只能借助显微镜才能看到的事物。

温带

介于两极和热带地区之间的地理区域；与地球其他地区相比，温带具有显著的温度和季节变化。

细菌

生活在土壤、水或者植物或动物身上的微小单细胞生物。

潟湖

几乎被珊瑚、岩石或沙子包围并与大海隔绝的一处水洼。

峡谷

侧壁陡峭的深谷，由流水（例如河流）或雨水冲刷岩石而成。

玄武岩

一种深色的细颗粒岩石，由火山熔岩固化而成。

亚热带

表示位于热带地区北部和南部的地理区域，亚热带地区通常较为温暖，且存在降水集中的潮湿季节。

岩浆

位于地下深处的炽热、液态岩石，也有可能十分接近地表。

盐田/盐池

自然形成的、被盐覆盖的平坦区域。

雨林

生长在热带地区且降雨量极高的森林。

玉石

可以用于雕刻珠宝和装饰品的珍贵石头。

藻类

各种生长在水中或水边的植物和生物的统称，有些藻类必须借助显微镜才能看到，有些可以达到50米长。

黏土层

贴近地表且自然形成的黏土层，大雨过后可以蓄水。

蒸发

蒸发表示液体被加热并变成气体。

索引

A

B

C,D

E,F

G

H

索引

N

O,P,Q

R

S

鸣谢

DK出版社感谢以下人士许可复制他们的照片。

(Key: a=above; b=below/bottom; c=centre; f=far; l=left; r=right; t=top)

123RF.com: 143702428 161br, andreykuzmin 25tr (map), San Hoyano 127cr, Konstantin Kalishko 134-135b, lorcel 147tl, picsfive 17 (note), 21b (note), 29 (Note), 36-37 (Note), 41t, 57cb (Note), 60-61b (Note), 65tr (Note), 68c (Note), 73r (Note), 76-77b (Note), 82c (Note), 83tr (Note), 86b (Note), 94r (Note), 103b (Note), 106-107b (Note), 110-111b (Note), 115t (Note), 123 (Note), 130-131b (Note), 139t (Note), 142cla (Note), 151t (Note), 155t (Note), 162-163b (Note), 167t (Note), seamartini 98ca, spumador71 36bl, thais1986 29tl; **Alamy Stock Photo:** 146crb, Agefotostock / Iñaki Caperochipi 90l, Agefotostock / John Higdon 22-23, All Canada Photos / Jason Pineau 139b, Alpineguide 140-141, blickwinkel / Baesemann 136-137, Danita Delimont, Agent / Claudia Adams 150bc, Ulrich Doering 53tl, 116-117, dpa picture alliance 143br, Philip Game 68bl, Thomas Garcia 38-39, 41, Global Vibes 32crb, Harley Goldman 86-87, Martin Harvey 57crb, Image Professionals GmbH / Per-Andre Hoffmann 14-15, Image Source / Yevgen Timashov 80-81, Imagebroker / Arco Images / TUNS 91cla, imageBROKER / Holger Weitzel 164-165, imageBROKER / Martin Siepmann 126br, imageBROKER / Peter Giovannini 94bc, INTERFOTO / Personalities 25tr, Inge Johnsson 42-43, JohnWray 37tr, Andrey Khrobostov 19br, Christophe Kiciak 106br, Chris Mattison 115bc, mauritius images GmbH / Nico Stengert 107bc, mauritius images GmbH / Pölzer Wolfgang 13c, Hazel McAllister 91ca, Minden Pictures 50-51, 86cb, 112-113, Juan Carlos Muñoz 53c, Eric Nathan 32cb, Natural History Collection 86clb, Nature Picture Library / Alex Mustard 10-11, 12-13, Nature Picture Library / Alex Mustard / 2020VISION 37clb, Nature Picture Library / Chadden Hunter 127bc, Nature Picture Library / Doug Perrine 30-31, Nature Picture Library / Michel Roggo 24-25t, Nature Picture Library / Solvin Zankl 61cla, George Ostertag 45cr, Paul Mayall Australia 108-109, Christian Pauschert 166tr, Peter O'Donovan 91tl, Prisma by Dukas Presseagentur GmbH / Heeb Christian 41tc, Reuters / Mohamed Abd El Ghany 67br, Juergen Ritterbach 118-119, Robertharding / Michael Runkel 158clb, Russotwins 109br, Sabena Jane Blackbird 119tl (skull), Scott Sady / Tahoelight.com 43br, Science History Images / Photo Researchers 139crb, Science Photo Library / Ton_Aquatic, Choksawatdikorn 48cr, Top Photo Corporation 81tr, Travel Pix 62-63, Travelart 31br, Universal Images Group North America LLC / Planet Observer 110br, 111bc, Yoshiko Wootten 152-153, Xinhua / Zhao Dingzhe 66-67, Solvin Zankl 167cr; **Depositphotos Inc:** luiza.lisnic.gmail.com 111tr, shalamov 56cr; **Dorling Kindersley:** Bill Peterman 73cla, Ruth Jenkinson and Peter Anderson and 123RF.com: stevanz 151ca; **Dreamstime.com:** Amadeustx 81clb, Anakondasp 29ftl, Vorasate Ariyarattnahirun 126bl, Chris De Blank 55br, Bukki88 39br, Jeremy Campbell 162br, Charm Moment 28-29, Ckchiu 105br, Daboost (All spreads- Background), Davemhuntphotography 130cb, 167ca, Nadiia Diachenko 17tr, Digitalpress 130c, Eastmanphoto 69bl, Elena Ray Microstock Library © Elena Ray 86bc, Hdanne 167cl, Hpbfotos 47crb, Idreamphotos 64br, Isselee 37cb, 151c, Vladislav Jirousek 57clb, Jelena Jovanovic 95clb, Dmitrii Kashporov 115crb, Tanya Keisha 29crb, James Kelley 60br, Anna Komissarenko 77bc, Iuliia Kuzenkova 82-83, Leonovdmn 76bl, Lunamarina 145br, M K 68-69, Mady Macdonald 138crb, Robyn Mackenzie / Robynmac 12cla (Tape), 13c (Tape), 20 (Tape), 29 (Tape), 33tc (Tape), 36clb (Tape), 40cra (Tape), 41 (Tape), 57tr (Tape), 60clb (Tape), 72tr (Tape), 73tc (Tape), 76clb (Tape), 80tr (Tape), 81c (Tape), 87tr (Tape), 94tr (Tape), 95cl (Tape), 98clb (Tape), 103 (Tape), 106 (Tape), 110clb (Tape), 111tr (Tape), 119tc (Tape), 122cl (Tape), 123crb (Tape), 126clb (Tape),

:7cr (Tape), 130 (Tape), 133crb (Tape), 138crb (Tape), 3 (Tape), 150cla (Tape), 155tc (Tape), 159 (Tape), 2clb (Tape), Hugo Maes 16crb, Aliaksandr azurkevich 104-105, Mikelane45 167tr, Aitor Muñoz uñoz 34-35, Perseomedusa 151cra, Veronika Peskova ca, Plotnikov 16cb, Rabor74 150tr, Dmitry khlenko 73cr, Martin Schneiter 40, Elena Skalovskaia 3tr, Stephen Smith 40cr, Aleksey Suvorov 82clb, mpaci 11br, Thejipen 158, Tiplyashina 80clb, eksandar Todorovic 95tl, Anastasiia Tymashova 142- 3c, Jorn Vangoidtsenhoven 87bc, Olga N. Vasik 1br, Wirestock 68crb, Belinda Wu 72-73, Yobro10 1cl, Krisma Yusafet 153br; **FLPA:** Fabio Pupin 4tr; **Don Funk (Alpine Climber):** 76br; **Getty ages:** 500Px Plus / Maddy M. 46-47, AFP / Vasily vorov 120-121, AFP / Wang Zhao 73crb, Barcroft edia / Riau Images 106bl, Barcroft Media / Victor agushk 60bl, Bettmann 65clb, EyeEm / Mark zpatrick 74-75, Chung Sung-Jun 159tl, Moment / spyxel 33tr, Moment / RBB 106-107, Moment / rgio Pessolano 92-93, Anton Petrus 78-79, Photodisc PhotoStock-Israel 28clb, Stone / Angelo Cavalli 148- 9, Universal Images Group / Auscape 76tr; **Getty ages / iStock:** 3quarks 165br, 167br, 4045 130- 1, 4kodiak 146-147, AndreAnita 82cb, aphotostory -71, Astalor 56-57, Bibhash Banerjee 13cl, Bborriss 3tr, Artur Bogacki 69crb, Worawat Dechatiwong tr, DennyThurstonPhotography 45cla, Dgwildlife crb, E+ / brittak 119cra, E+ / raisbeckfoto 117br, E+ anukiphoto 154tr, Mario Faubert 52-53, Forplayday 0cla, glebchik 82cl, gorsh13 69br, Emma Grimberg fcl, HomoCosmicos 36br, Jana_Janina 21tr, Janos tr, Jason_YU 99crb, JeremyRichards 126-127, tharina13 75br, kavram 56tl, 87tr, James Kelley cb, kenhophotographer 128-129, LaserLens 130bl, nardospencer 101br, LeoPatrizi 37cl, lindsay_ agery 76cl, LordRunar 16-17b, lu-pics 167c, ımmuth 37tc, MarcelStrelow 58-59, Pedro Moraes 3br, nevskyphoto 98bl, oscity 110bl, peterkocherga ca, Prill 119tl, Ondrej Prosicky 57br, 143tr, Natalie ffing 37bc, Sanga Park 99br, SeanPavonePhoto 154, alamov 155, ShantiHesse 94-95, Smitt 18-19, 20- t, Gustavo Muñoz Soriano 35crb, Stanson 114, rush 162, Nicolas Tolstoï 137br, TopPhotoImages 2bl, ugurhan 163cr, VisualCommunications 106cl, VladKyselov 97br, vvvita 26-27, 29cl, 29fcla, Dennis Wegewijs 131bc, Panida Wijitpanya 102cr, Wojciech-P 143cra, zanskar 132-133; **naturepl.com:** Mark Moffett 134cr; **Keith Partridge:** 6cla; **Lightsparq Photography / Vijay Manohar:** 144-145; **Julian Jansen van Rensburg:** 135tl; **Science Photo Library:** Wim Van Egmond 32cra, Ted Kinsman 45c; **Shahrogersphotography.com:** Anup Shah 53clb; **Shutterstock.com**: akedesign 98-99, Andrey Armyagov 33cb, AzmanMD 156-157, Colin Bourne 76crb, Matteo Chinellato 110cb, chrisontour84 150-151, Yevhenii Chulovskyi 130br, ddg57 71br, Jakob Fischer 163bc, FJAH 158tr, 159tr, Niks Freimanis 61bc, Gregorioa 107tl, Guaxinim 127tl, Claude Huot 150c, Shaun Jeffers 49clb, JekLi 2-3, Iurii Kazakov 122clb, Ralf Lehmann 157br, Lukas Bischoff Photograph 44bl, McDow Photo Inc 147cb, Mirigrina 84-85, Ingrid Pakats 122-123, Suzanne Pratt 48bl, Luciano Santandreu 29cla, SAPhotog 57tr, Serjio74 124-125, Lauren Squire 102-103, Suksamran1985 160-161, TAW4 72tr, Pakawat Thongcharoen 100-101, TOMO 155tr, Nguyen Quang Ngoc Tonkin 96-97, 131tc, Jessica Towns 48-49, Juergen Wackenhut 166-167b, Oleg Znamenskiy 54-55; **SuperStock:** Minden Pictures 88-89; **U.S. Geological Survey / Bethany L. Burton:** 25clb

Cover images: *Front:* **Getty Images / iStock:** ixpert c/ (globe); *Front and Back:* **Alamy Stock Photo:** Inge Johnsson bc; **Dreamstime.com:** Wirestock cr; **Getty Images / iStock:** Mario Faubert cl, MarcelStrelow ca, PavelSinitcyn bl; **Shutterstock.com:** Bruno Biancardi fcrb, Guitar photographer tr, Andrea Izzotti tl, lindamka br, PawelG Photo fbr, Nicola Pulham cla, Ricardo Reitmeyer cb, Dmitriy Rybin c, Scapigliata crb, Marcel Strelow tc; *Spine:* **Shutterstock.com:** Andrea Izzotti t, lindamka cb, PawelG Photo b, Nicola Pulham ca

关于作者

阿尼塔·加纳利是一位屡次获奖的儿童科普图书作者，她的畅销系列图书《可怕的地理》于2009年赢得了蓝彼得图书奖最佳纪实书籍奖。阿尼塔是英国皇家地理学会和皇家苏格兰地理学会的会员。2010年，她被皇家苏格兰地理学会授予蒂维教育勋章，以表彰她“在地理教育方面做出的杰出贡献”。

关于插画家

蒂姆·斯玛特热爱自然世界，从小就开始描绘自然。为本书绘图时，他最喜欢的是鲸鱼，虽然没有特别偏爱的颜色，但深靛色和沙黄色画笔总放在他手边。蒂姆留着一蓬看起来有点儿邋遢的大胡子，和他的两个好朋友——凯瑟琳和伊妮德——住在伦敦。